机械加工实训教程

主　编　邬明禄　赵　明　齐　飞
副主编　刘凤景　刘　涛　曲学太　谢立宁

北京理工大学出版社
BEIJING INSTITUTE OF TECHNOLOGY PRESS

内 容 简 介

本书以实训教学项目为基础，紧密配合《数控机床编程与操作》《数控机床维修与维护》等理论教学教材，作为学生完成理论学习的实训操作指导教程。

本书以"工作任务"为导向，模拟职业岗位要求，重点突出与操作技能相关的实践操作知识，按照学生的学习规律，从易到难。内容包括：常用工卡量具的使用、钳工基础实训、数控车床实训、数控铣床实训、Mold Wizard 模具设计实训、数控维修机械拆装实训、数控维修电工实训。

本书可作为高等职业学校、高等专科学校、成人高校等学校的数控技术、模具设计与制造、机械制造及其自动化等机械相关专业的实训教材。

图书在版编目（CIP）数据

机械加工实训教程 / 邬明禄，赵明，齐飞主编. —北京：北京理工大学出版社，2020.6

ISBN 978 - 7 - 5682 - 8636 - 7

Ⅰ.①机… Ⅱ.①邬… ②赵… ③齐… Ⅲ.①金属切削 – 高等职业教育 – 教材

Ⅳ.①TG506

中国版本图书馆 CIP 数据核字（2020）第 113481 号

出版发行 / 北京理工大学出版社有限责任公司

社　　址 / 北京市海淀区中关村南大街 5 号

邮　　编 / 100081

电　　话 / (010) 68914775（总编室）

　　　　　 (010) 82562903（教材售后服务热线）

　　　　　 (010) 68948351（其他图书服务热线）

网　　址 / http：//www.bitpress.com.cn

经　　销 / 全国各地新华书店

印　　刷 / 涿州市新华印刷有限公司

开　　本 / 787 毫米 × 1092 毫米　1/16

印　　张 / 10.5　　　　　　　　　　　　　　　　　责任编辑 / 多海鹏

字　　数 / 248 千字　　　　　　　　　　　　　　　文案编辑 / 多海鹏

版　　次 / 2020 年 6 月第 1 版　2020 年 6 月第 1 次印刷　责任校对 / 周瑞红

定　　价 / 32.00 元　　　　　　　　　　　　　　　责任印制 / 李志强

编者名单

邬明禄：烟台汽车工程职业学院

赵　明：烟台汽车工程职业学院

齐　飞：烟台汽车工程职业学院

刘凤景：烟台汽车工程职业学院

刘　涛：烟台汽车工程职业学院

曲学太：烟台汽车工程职业学院

谢立宁：烟台汽车工程职业学院

前　言

现代加工制造业是为国民经济发展和国防建设提供技术装备的基础性产业，现代加工制造业的发展水平在一定程度上集中体现了国家的综合实力，其发展也为我国产业升级和技术进步提供了重要保障。作为现代加工制造业的重要组成部分，数控加工、电气控制、机电一体化以及模具设计与制造等装备制造类行业对国民经济和社会的发展将起到越来越重要的作用。2017 年 2 月 14 日，教育部、人力资源和社会保障部、工业和信息化部联合印发了《制造业人才发展规划指南》，文件中提到，高档数控机床和机器人 2015 年行业人数为 450 万人，预计 2020 年需求 750 万人，人才缺口 300 万人，到了 2025 年则预计需求 900 万人，人才缺口 400 万人。加快制造业相关专业的人才培养对推动我国现代加工制造业有着重大的意义。

实训教学是培养装备制造类专业学生实践能力的主要教学步骤，是职业院校教育教学的重要组成部分，是学生掌握专业技术、学习工艺知识、提高动手能力、培养独立工作能力和良好工作作风的必修课。职业院校坚持以服务为宗旨，以就业为导向，不断深化教育教学改革，其中一个重要环节就是切实加强实训教学。只有加强实训教学，才能更好地促进学生职业能力的形成和发展，培养适应职业岗位需要的技能人才。随着现代工业制造技术的发展和各职业院校实训条件的不断改善，以车、铣、钳等传统工种为主的金工实训已逐渐向包含通用加工技术、数控加工技术和机电一体化技术的综合实训过渡。为了适应现代工业的发展以及社会对实用型人才的需求，特此编写了《机械加工实训教程》一书。

本书以教育部颁布的《机械制造工程训练教学基本要求》为指导，参照数控技术、机械制造及其自动化、机电一体化技术、模具设计与制造、机械设计与制造以及工业机器人技术等专业的教学计划与教学大纲，并结合传统金工实训和现代加工技术，内容涵盖了钳工等传统加工技术和数控车、数控铣、电气控制、模具设计以及数控维修等新技术、新工艺，并增加了量具的使用及零件的测量方法等内容。在广泛调研与长期实践教学经验的基础上，组织专业教师与企业生产一线人员共同编写。

在本书的编写过程中，我们始终坚持以"工作任务"为导向，模拟职业岗位要求，重点突出实操技能相关的必备实践知识，在实训项目的设置和编写上参考了大量一线实训指导教师的意见，以实用、够用为度，将学生在课堂中学习的理论知识充分在实践教学中进行操作验证，并在实训教学结束后根据评分标准进行评分，对学生的理论知识掌握情况和实训操作情况进行综合的评估，加强感性认识，达到理论联系实践、事半功倍的效果。

本书按照学生的学习规律，从易到难，在"项目"的引领下完成该任务所需的实操学习和实操演练，能对自己理论知识的掌握情况进行一个充分的了解。本书可作为高等职业院校、高等专科学校、成人高校等学校的数控技术专业、模具设计与制造专业、机械制造及其自动化专业等机械相关专业师生的实训教材。

本书由烟台汽车工程职业学院邬明禄、赵明、齐飞任主编，烟台汽车工程职业学院刘凤景、刘涛、曲学太、谢立宁任副主编。其中模块一由邬明禄编写；模块二和模块五由齐飞编写；模块三由赵明编写；模块四由刘凤景编写；模块六和模块七由刘涛、曲学太、谢立宁共同编写。本书由齐飞统稿。潘强等企业专家对本书后期成稿给予了很大的帮助。在评审会上，斗山工程机械有限公司、烟台禧辰软件有限公司等企业的领导、技术人员给予了大力的支持和帮助，在此表示衷心的感谢。

由于编者水平有限，书中的错误和不妥之处在所难免，恳请读者批评指正，以尽早修订完善。

编　者

目录

1

学生实训守则

（1）学生需在指导老师的带领下方可进入实训中心，按照要求穿实训服、平底鞋，女生应按照要求戴安全帽。违者取消当日实训资格，并扣除实训纪律考核分3分。

（2）自带物品需放在指定位置，应按时参加实训教学，严禁迟到、早退、旷课，违者按照规定扣除实训考核当日成绩。

（3）服从指导老师的工位分配，时刻注意安全操作规程，严禁串岗、打闹。

（4）严格遵守工程实训中心安全管理制度，要穿戴防护用品，无安全防护不准进工位操作，当日实训成绩以0分计。

（5）认真听取指导老师实训教学要求，掌握操作工艺和安全规程，不准违规操作。如因违规操作损坏仪器设备和工具，则应照价赔偿。

（6）保质、保量、按时完成实训任务，不准马虎了事、代做代考。代人操作者扣除实训成绩的50%，找人代做者实训成绩计为0分。

（7）爱护实训中心设备、仪器和设施，节约材料，不准把量具、刃具、材料等公物私自带出实训中心。

（8）互教互学、取长补短、团结协作、共同提高。

（9）保持实训中心整洁美观，不准乱丢、乱放、乱拿工具和材料，以及乱丢果皮和杂物等。

（10）下课时，注意关闭电源，打扫工作区卫生，卫生不合格者扣除本实训小组文明生产成绩。

学生安全实习"十不准"

（1）不按要求穿戴劳保用品不准进入实训场地。

（2）不准迟到、早退和无故缺勤。

（3）不准擅自离开实训岗位。

（4）不准在实训车间打斗嬉闹。

（5）不准擅自开动他人机床及不属于自己实训范围的设备。

（6）不准违章操作。

（7）不准擅自改变实训内容。

（8）不准把工、卡、量具（特别是刃具）带出实训车间。

（9）不准乱动电气控制装置和消防设施。

（10）不准进入一切危险境地。

实训6S管理理念

1. 整理

对工作现场物品进行分类处理，区分为必要物品和非必要物品、常用物品和非常用物品及一般物品和贵重物品等。

2. 整顿

对非必要物品果断丢弃，对必要物品妥善保存，使工作现场秩序井然，并能经常保持良好状态，这样才能做到想要什么立即便能拿到，有效地消除寻找物品的时间浪费和手忙脚乱。

3. 清扫

对各自岗位的周围及办公设施进行彻底清扫、清洁，保持无垃圾、无脏污，保证良好的工作环境。

4. 清洁

维护清扫后的整洁状态，建立相应的规章制度。

5. 素养

持之以恒，从而养成良好的工作和生活习惯。

6. 安全

按章操作，确保人身和财产安全，一切主旨均遵循《安全第一预防为主》的原则。

模块一　　常用量具的使用

项目一　游标卡尺的使用

班级		项目开展时间		项目指导教师	
姓名		项目实施地点		项目考核成绩	

一、实训目标

1. 能力目标

（1）掌握游标卡尺的使用范围和测量方法。

（2）掌握游标卡尺的读数方法。

2. 知识目标

（1）了解常用的量具及各种量具的应用范围。

（2）熟悉游标卡尺的使用方法、使用范围和读数方法。

（3）熟悉游标卡尺的测量原理。

3. 素质目标

（1）在小组学习的过程中，具备发现和解决问题的能力。

（2）具有团队协作、提炼总结及科学合理制订和实施工作计划的能力。

（3）具有勤学苦练的精神，养成遵纪守规、安全操作、文明生产的职业习惯。

（4）具有进行自我剖析和自我检查的能力。

二、实训项目

1. 游标卡尺的类型及结构

游标卡尺可分为三用游标卡尺（见图 1-1）、双面量爪游标卡尺（见图 1-2）和单面量爪游标卡尺（见图 1-3）三种类型，其中三用游标卡尺和单面量爪游标卡尺又各自有带台阶测量面和不带台阶测量面两种形式。

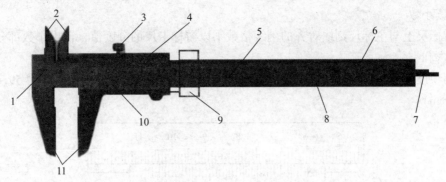

图 1-1 三用游标卡尺

1—分度值（0.02 mm）；2—内测量爪；3—制动螺钉；4—尺框；5—主标尺；6—尺身；

7—深度尺（测量范围上限不宜超过 300 mm）；8—测量范围（上限值为 150 mm）；

9—微动装置（测量范围上限大于 200 mm）；10—游标尺；11—外测量爪

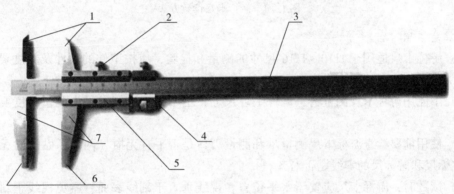

图 1-2 双面量爪游标卡尺

1—刀口外测量爪；2—制动螺钉；3—尺身；4—微动装置；

5—指示装置；6—圆弧内测量面；7—外测量爪

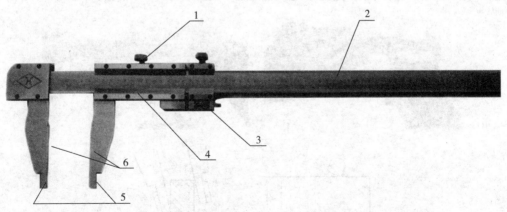

图 1-3 单面量爪游标卡尺

1—制动螺钉；2—尺身；3—微动装置；4—指示装置；5—圆弧内测量爪；6—外测量面

2. 读数方法

1）读整数

在主标尺上读出位于游标尺零线左边最接近的整数值。

2）读小数

用游标尺上与主标尺刻线对齐的刻线格数乘以游标卡尺的分度值，读出小数部分。

3）求和

将两项读数值相加，即为被测尺寸数值，如图1-4所示，最终测得尺寸为 59 + 0.48 = 59.48（mm）。

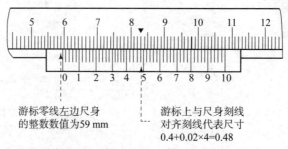

游标零线左边尺身
的整数数值为59 mm

游标上与尺身刻线
对齐刻线代表尺寸
0.4+0.02×4=0.48

图1-4　游标卡尺读数方法

3. 注意事项

（1）游标卡尺适用于IT10～IT16尺寸的测量和检验，应按工件的尺寸及精度要求合理选用。

（2）不能用游标卡尺测量铸、锻件毛坯尺寸，也不能用游标卡尺去测量精度要求过高的工件。

（3）使用前要检查游标卡尺测量爪和测量刃口是否平直无损（两量爪贴合时无漏光现象）、主标尺和游标尺的零线是否对齐。

（4）读数时，游标卡尺应置于水平位置，视线垂直于刻线表面，避免视线歪斜造成示值读取误差。

（5）测量外尺寸时，外量爪应张开到略大于被测尺寸，以固定量爪贴住工件，用轻微推力把活动量爪推向工件，卡尺测量面的连线应垂直于被测量表面，不能偏斜，如图1-5所示。

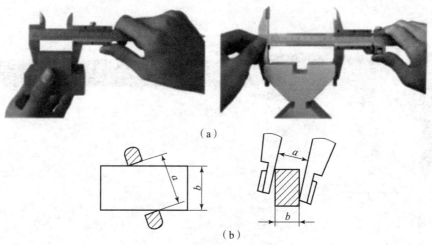

（a）

（b）

图1-5　测量外尺寸的方法

（a）正确；（b）错误

（6）测量内尺寸时，内量爪开度应略小于被测尺寸。测量时，两内量爪测量位置要正确，不得倾斜，如图 1-6 所示。

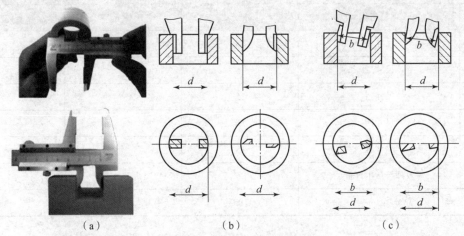

图 1-6　测量内尺寸的方法

（a）实物测量；（b）正确；（c）错误

（7）测量孔深或高度尺寸时，应使深度尺的测量面紧贴孔底，游标卡尺的端面与被测件的表面接触，且深度尺要垂直，不可前后左右倾斜，如图 1-7 所示。

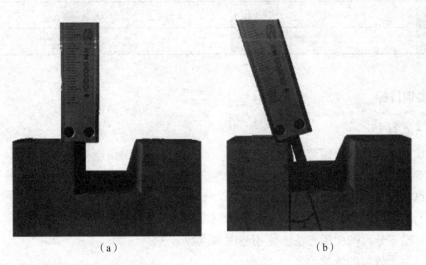

图 1-7　测量深度的方法

（a）正确；（b）错误

三、项目实施

（1）教师分发测量件与游标卡尺，分组练习测量与读数。

（2）每组轮流到教师处进行初期检查。

四、项目考核

教师给予每位同学 5 个随机尺寸进行读数考核。

游标卡尺读数视频

考核总成绩表				
序号	项目名称	配分	得分	备注
1	尺寸一	15		
2	尺寸二	15		
3	尺寸三	15		
4	尺寸四	15		
5	尺寸五	15		
6	教师与学生评价	25		
	总分	100		

项目二　千分尺的使用

班级		项目开展时间		项目指导教师	
姓名		项目实施地点		项目考核成绩	

一、实训目标

1. 能力目标

（1）掌握千分尺的使用范围和测量方法。

（2）掌握千分尺的读数方法。

2. 知识目标

（1）了解常用的量具及各种量具的应用范围。

（2）熟悉千分尺的使用方法、使用范围和读数方法。

（3）熟悉千分尺的测量原理。

3. 素质目标

（1）在小组学习的过程中，具备发现和解决问题的能力。

（2）具有团队协作、提炼总结及科学合理制订和实施工作计划的能力。

（3）具有勤学苦练的精神，养成遵纪守规、安全操作、文明生产的职业习惯。

（4）具有进行自我剖析和自我检查的能力。

二、实训项目

1. 千分尺结构（见图1-8）

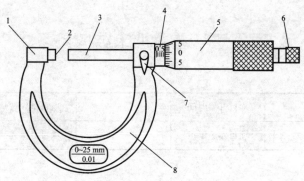

图 1-8　千分尺结构

1—尺架；2—测砧；3—测微螺杆；4—固定套管；5—微分筒；6—测力装置；7—锁紧装置；8—隔热装置

2. 千分尺读数方法（见图 1-9）

被测值的整数部分要在主刻度上读［以微分筒（辅刻度）端面所处在主刻度上的刻线位置来确定］，小数部分在微分筒和固定套管（主刻度）的下刻线上读（当下刻线出现时，小数值 = 0.5 + 微分筒上读数；当下刻线未出现时，小数值 = 微分筒上读数），则整个被测值 = 整数值 + 小数值。如图 1-9 所示：读套筒上侧刻度为 3，下侧刻度 3.5 已露出，也就是说 3 + 0.5 = 3.5；然后读套管刻度与 25 对齐，即 25 × 0.01 = 0.25。全部加起来就是 3.75。

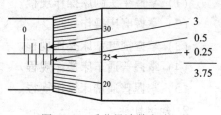

图 1-9　千分尺读数方法

三、项目实施

（1）教师分发测量件与千分尺，分组练习测量与读数。

（2）每组轮流到教师处进行初期检查。

千分尺读数视频

四、项目考核

教师给予每位同学 5 个随机尺寸进行读数考核。

考核总成绩表				
序号	项目名称	配分	得分	备注
1	尺寸一	15		
2	尺寸二	15		
3	尺寸三	15		
4	尺寸四	15		
5	尺寸五	15		
6	教师与学生评价	25		
	总分	100		

项目三　普通机床结构见习

班级		项目开展时间		项目指导教师	
姓名		项目实施地点		项目考核成绩	

一、实训目标

1. 能力目标
（1）掌握牛头刨床操作规程。
（2）掌握磨床操作规程。
（3）掌握摇臂钻床操作规程。
（4）掌握普通车床操作规程。
（5）掌握普通铣床操作规程。

2. 知识目标
（1）掌握牛头刨床结构。
（2）掌握磨床结构。
（3）掌握摇臂钻床结构。
（4）掌握普通车床结构。
（5）掌握普通铣床结构。

3. 素质目标
（1）在小组学习的过程中，具备发现和解决问题的能力。
（2）具有团队协作、提炼总结及科学合理制订和实施工作计划的能力。
（3）具有勤学苦练的精神，养成遵纪守规、安全操作和文明生产的职业习惯。
（4）具有进行自我剖析和自我检查的能力。

二、实训项目

1. 牛头刨床认知
牛头刨床结构如图 1 - 10 所示。

2. 磨床认知
磨床结构如图 1 - 11 和图 1 - 12 所示。

3. 摇臂钻床认知
摇臂钻床结构如图 1 - 13 所示。

4. 普通车床认知
CA6140 型车床结构如图 1 - 14 所示。

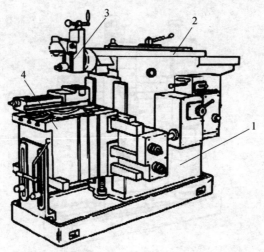

图 1 - 10　牛头刨床结构

1—床身；2—滑枕；3—刀架；4—工作台

牛头刨床实物照片

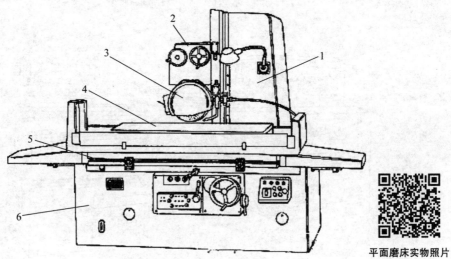

平面磨床实物照片

图 1 - 11　平面磨床结构

1—立柱；2—滑座；3—砂轮箱；4—电磁吸盘；5—工作台；6—床身

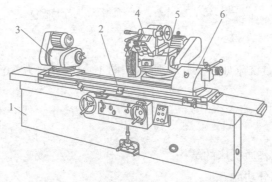

图 1 - 12　外圆磨床结构

1—床身；2—工作台；3—头架；4—内圆磨头；5—砂轮架；6—尾座

外圆磨床实物照片

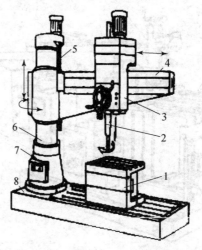

摇臂钻床实物照片

图 1 – 13　摇臂钻床结构

1—工作台；2—主轴；3—主轴箱；4—摇臂；5—摇臂升降丝杠；

6—外立柱；7—内立柱；8—底座

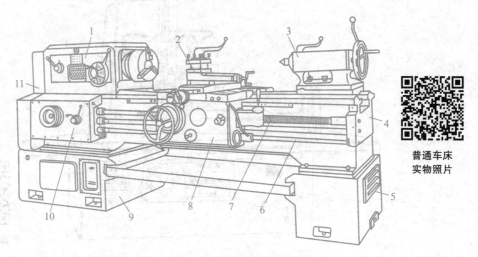

普通车床
实物照片

图 1 – 14　CA6140 型车床结构

1—主轴箱；2—刀架；3—尾座；4—床身；5—水箱；6—光杠；7—丝杠；

8—溜板箱；9—床腿；10—进给箱；11—挂轮箱

5. 普通铣床认知

X5032 型立式升降台铣床如图 1 – 15 所示，图 1 – 16 所示为 X6132 型卧式万能升降台铣床。

三、项目实施

（1）讲解各种常见普通机床的结构。

（2）介绍机床各部分功能。

（3）对各种机床进行演示性操作。

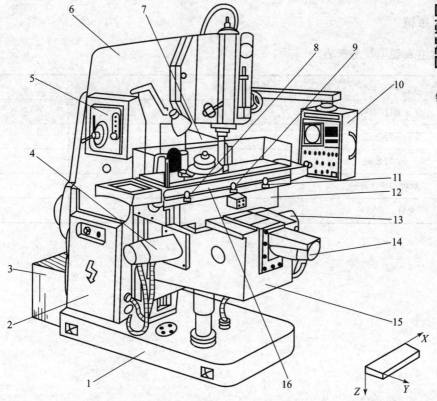

普通立式
铣床实物照片

图 1 – 15 X5032 型立式升降台铣床

1—底座；2—强电柜；3—变压器箱；4—步进电动机；5—主轴变速手柄和按钮板；6—床身；7—数控柜；

8，11—保护开关；9—挡铁；10—操纵台；12—横向滑板；13—纵向进给步进电动机；

14—横向进给步进电动机；15—升降台；16—纵向工作台

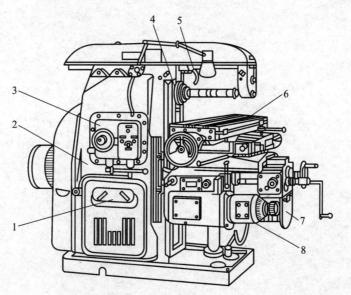

普通卧式万能
铣床实物照片

图 1 – 16 X6132 型卧式万能升降台铣床

1—机床电气系统；2—床身系统；3—变速操作系统；4—主轴及传动系统；

5—冷却系统；6—工作台系统；7—升降台系统；8—进给变速系统

四、项目考核

教师按学生表现填写考核表。

考核总成绩表				
序号	项目名称	配分	得分	备注
1	学习态度	20		
2	学习效果	40		
3	教师与学生评价	40		
	总分	100		

模块二　钳工实训项目

项目一　钳工入门及安全教育

班级		项目开展时间		项目指导教师	
姓名		项目实施地点		项目考核成绩	

一、实训目标

1. 能力目标

（1）掌握钳工常用设备、工具的结构、用途及正确使用、维护和保养方法。

（2）掌握钳工常用量具使用、维护和保养方法。

2. 知识目标

（1）了解钳工安全操作技术、所用设备安全操作规程及实训室安全文明生产管理规定。

（2）熟悉钳工的基础知识，了解钳工工艺范围。

（3）熟悉钳工常用量具的基本知识。

3. 素质目标

（1）在小组学习的过程中，具备发现和解决问题的能力。

（2）具有团队协作、提炼总结及科学合理制订和实施工作计划的能力。

（3）具有勤学苦练的精神，养成遵纪守规、安全操作、文明生产的职业习惯。

（4）具有进行自我剖析和自我检查的能力。

二、实训项目

1. 钳工概述

钳工是使用钳工工具或设备，主要从事工件的划线与加工、机器的装配

钳工概述

与调试、设备的安装与维修及工具的制造与修理等工作的工种，通常应用于以机械加工方法不方便或难以解决的场合。其特点是以手工操作为主，灵活性强、工作范围广、技术要求高，操作者的技能水平将直接影响产品质量。因此，钳工是机械制造业中不可缺少的工种。

2. 钳工分类

目前，我国《国家职业技能标准》将钳工划分为装配钳工、机修钳工和工具钳工三类。

（1）装配钳工：是指通过操作机械设备、仪器、仪表，使用工装、工具进行机械设备零件、组件或成品组合装配与调试的工作人员。

（2）机修钳工：是指从事设备机械部分维护和修理的人员。

（3）工具钳工：是指操作钳工工具、钻床等设备，对刃具、量具、索具、辅具等进行零件加工和修整、组合装配、调试与修理的人员。

3. 实训纪律与安全文明生产

（1）工作前必须穿戴好防护用品，工作服袖口、衣边应符合要求，长发要挽入工作帽内。

（2）操作者要在指定岗位进行操作，不得串岗。

（3）实训过程中，要严格遵守各项实训规章制度和操作规范，严禁用工具与他人打闹。

（4）实训室严禁吸烟，注意防火。

（5）遵守劳动纪律，不准迟到和早退。

（6）工作前检查工、夹、量具，如手锤、钳子、锉刀、游标卡尺等必须完好无损，手锤前端不得有卷边毛刺，锤头与锤柄不得松动。

（7）禁止使用缺手柄的锉刀、刮刀，以免伤手。

（8）用手锤敲击时，注意前后是否有人，不许戴手套，以免手锤滑脱伤人；不准将锉刀当手锤或撬杠使用。

（9）不准把扳手、钳类工具当手锤使用；活动扳手不能反向使用，不准在扳手中间加垫片使用。

（10）不准将虎钳当砧磴使用，不准在虎钳手柄上加长管或用手锤敲击增大夹紧力。

（11）工具、零件等物品不能放在窗口，下班时要锁好门窗，防止失窃。

三、项目实施

1. 了解钳工的基本操作

（1）划线。

（2）锉削。

（3）錾削。

（4）锯削。

（5）钻孔、扩孔、锪孔、铰孔。

（6）攻螺纹、套螺纹。

（7）刮削。

（8）研磨。

（9）装配。

2. 认识钳工的常用设备

（1）工作台：安装台虎钳，存放工、夹、量具。

（2）台虎钳：夹持工件。

（3）砂轮机：刃磨刀具、工具。

（4）钻床：钻孔、扩孔、锪孔、铰孔。

钳工常用
测量工具

四、项目考核

教师按学生表现填写考核表。

考核总成绩表				
序号	项目名称	配分	得分	备注
1	学习态度	20		
2	学习效果	40		
3	教师与学生评价	40		
	总分	100		

项目二　测量及钳工常用测量工具

班级		项目开展时间		项目指导教师	
姓名		项目实施地点		项目考核成绩	

一、实训目标

1. 能力目标

掌握钳工常用量具的使用方法和注意事项。

2. 知识目标

了解钳工常用量具的种类及其结构原理、特点和作用。

3. 素质目标

（1）在小组学习的过程中，具备发现和解决问题的能力。

（2）具有团队协作、提炼总结及科学合理制订和实施工作计划的能力。

（3）具有勤学苦练的精神，养成遵纪守规、安全操作、文明生产的职业习惯。

（4）具有进行自我剖析和自我检查的能力。

二、实训项目

1. 钳工常用量具

1）长度测量器具

（1）卡尺类：包括游标卡尺、数显卡尺、带表卡尺、游标深度卡尺和游标高度卡尺等。

（2）千分尺类：包括外径千分尺、内测千分尺、深度千分尺、壁厚千分尺和三爪内径千分尺等。

（3）实物量具类：包括塞规、卡规和量块等。

（4）百分表类：包括百分表、内径百分表和杠杆百分表等。

2）角度测量器具

（1）直角尺。

（2）游标万能角速度尺。

（3）正弦规。

3）形位误差测量器具

（1）刀口尺。

（2）平板。

（3）方箱。

2. 常用测量器具的维护和保养

（1）测量前应将测量器具的测量面擦拭干净，以免脏物存在而影响测量精度和加快测量器具的磨损。不能用精密测量器具测量粗糙的铸、锻毛坯或带有研磨剂的表面。

（2）测量器具在使用过程中不能与刀具、工具等堆放在一起，以免磕碰；也不要随便放在机床上，以免因机床振动而使测量器具掉落而损坏。

（3）测量器具不能当作其他工具使用。

（4）温度对测量结果的影响很大，精密测量一定要在 20℃左右进行；一般测量可在室温下进行，但必须使工件和量具的温度一致。测量器具不能放在热源（电炉子、暖气设备）附近，以免受热变形而失去精度。

（5）不要把测量器具放在磁场附近，以免使其磁化。

（6）发现精密测量器具有不正常现象（如表面不平、有毛刺、有锈斑、尺身弯曲变形、活动零部件不灵活等）时，使用者不要自行拆修，应及时送交计量部门检修。

（7）测量器具应保持清洁。测量器具使用后应及时擦拭干净，涂上防锈油放入专用盒内，并存放于干燥处。

（8）精密测量器具应定期送计量部门鉴定，以免其示值误差超差而影响测量结果。

三、项目实施

1. 游标卡尺的认知、使用及实测

游标卡尺是一种中等精度的量具，可直接测量出工件的内径、外径、长度、宽度、深度等，主要由尺身、游标、内量爪、外量爪、深度尺、锁紧螺钉等组成。

游标卡尺的刻线原理和读数方法及使用时的注意事项：

（1）按要求选用合适的游标卡尺，不能测量毛坯尺寸和精度要求过高的工件。

（2）使用前要检查量爪和测量刃口是否平直无损（两量爪贴合时无漏光现象）、尺身和游标的零线是否对齐。

（3）测量外尺寸时，量爪应张开到稍大于被测尺寸，以固定量爪贴住工件，用轻微压力把活动量爪推向工件，卡尺测量面的连线应垂直于被测量表面，不能偏斜。

（4）测量内尺寸时，量爪开度应稍小于被测尺寸，两量爪应在孔的直径上，不得倾斜。

（5）测量孔深或高度时，接触面要紧贴，深度尺要垂直，不可歪斜。

（6）读数时，游标卡尺置于水平位置，视线垂直于刻线表面，以避免造成读数误差。

2. 千分尺的认知、使用及实测

千分尺是一种精密量具。常用的千分尺测量精度为 0.01 mm，它由尺架、固定测砧、测微螺杆、固定套管、微分筒、测力装置和锁紧装置等组成。

读数方法及使用时的注意事项：

（1）根据不同公差等级的工件，正确合理地选用千分尺。

（2）千分尺的测量面应保持干净，使用前应校对零位。

（3）测量时先转动微分筒，当测量面接近工件时改用棘轮，直到棘轮发出"咔、咔"声为止。

（4）测量时，千分尺要放正，并注意温度影响。

（5）不能用千分尺测量毛坯或转动的工件。

（6）为防止尺寸变动，可转动锁紧装置，锁紧测微螺杆。

3. 游标万能角度尺的认知、使用及实测

万能角度尺用来测量工件和样板的内、外角度及角度划线，测量范围为 0°~320°，精度为 2′。它由尺身、90°角尺、游标、制动器、基尺、直尺和卡块等组成。

读数方法及使用时注意事项：

（1）根据测量工件的不同角度正确选用直尺、90°角尺。

（2）使用前要检查尺身和游标的零线是否对齐、基尺和直尺是否漏光。

（3）测量时，工件应与角度尺的两个测量面在全长上接触良好，避免误差。

4. 百分表的认知、使用及实测

百分表是一种精密量具，主要用于测量工件的尺寸、形状和位置误差，以及检验机床的几何精度或调整装夹位置偏差等。常用的百分表测量精度为 0.01 mm，它由测头、量杆、大小齿轮、指针、表盘、表圈等组成。

读数方法及使用时的注意事项：

（1）应安装在相应的表架或专门的夹具上。

（2）测量平面或圆形工件时，百分表的测头应与平面垂直或与圆柱形工件轴线垂直，否则百分表量杆移动不灵活、测量结果不准确。

（3）量杆的测量范围不宜过大，以减少由于存在间隙而产生的误差。

四、项目考核

教师按学生表现填写考核表。

考核总成绩表				
序号	项目名称	配分	得分	备注
1	学习态度	20		
2	学习效果	40		
3	教师与学生评价	40		
总分		100		

项目三　划线、锯割及锉削综合训练

班级		项目开展时间		项目指导教师	
姓名		项目实施地点		项目考核成绩	

一、实训目标

1. 能力目标

（1）掌握划线技巧，能够独立划线。

（2）掌握锯割过程中的锯姿及锯割过程中运动的方式和用力的方法。

（3）掌握锉削基本动作要领。

2. 知识目标

（1）了解划线原理、方法及应用。

（2）了解锯割原理、方法及应用。

（3）了解锉削原理、方法及应用。

3. 素质目标

（1）在小组学习的过程中，具备发现和解决问题的能力。

（2）具有团队协作、提炼总结及科学合理制订和实施工作计划的能力。

（3）具有勤学苦练的精神，养成遵纪守规、安全操作、文明生产的职业习惯。

（4）具有进行自我剖析和自我检查的能力。

二、实训项目

如图 2-1 所示零件，材料为 45 钢，未注长度尺寸允许偏差 ±0.05 mm，内角过渡部分保留锉削自然圆角，表面粗糙度值为 $Ra3.2$ μm，毛坯为 100 mm × 20 mm × 20 mm，要求用锯割和锉削的方法加工出合格零件。

1. 划线

1）划线的作用

（1）确定工件加工表面的加工余量和位置。

（2）检查毛坯的形状、尺寸是否合乎图纸要求。

划线

（3）合理分配各加工面的余量。

（4）在毛坯误差不太大时，可依靠划线的借料法予以补救，使零件加工表面仍符合要求。

2）划线的种类

（1）平面划线：在工件的一个表面上划线的方法称为平面划线。

（2）立体划线：在工件的几个表面上划线的方法称为立体划线。

3）划线工具

（1）基准工具：划线平板、划线方箱。

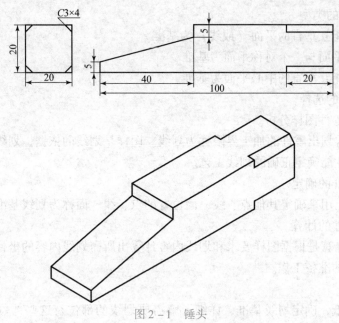

图 2-1　锤头

（2）测量工具：游标高度尺、钢尺和直角尺。

（3）绘划工具：划针、划规 、划线盘和样冲等，如图 2-2 所示。

（4）夹持工具：V 形铁和千斤顶。

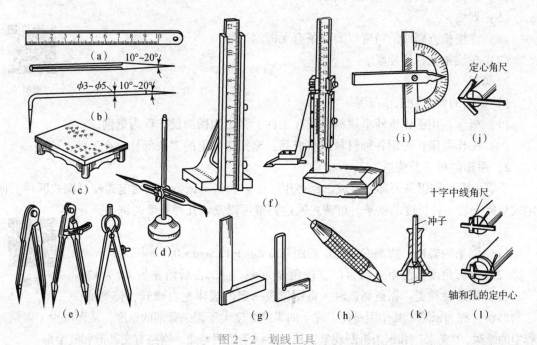

图 2-2　划线工具

（a）钢直尺；（b）划针；（c）平板；（d）划线盘；

（e）划规；（f）游标高度尺；（g）90°角尺；（h）样冲；

（i）角度尺；（j）定心角尺；（k）定心钟罩；（l）十字中线角尺

4）划线基准的类型

（1）以两个相互垂直的平面（或线）为基准。

（2）以一个平面与一个对称平面为基准。

（3）以两个相互垂直的中心平面为基准。

5）划线基准的选择

（1）划线前零件图样分析。

根据图纸要求划出零件的加工界限称为划线。图样是划线的依据，划线前必须对图样进行仔细的分析，才能确定正确的划线工艺。

（2）划线基准的确定。

划线时零件上用来确定其他点、线、面位置的点、线、面称为划线基准。

（3）划线尺寸的计算。

划线尺寸的计算是根据图样要求和划线内容计算出所需划线内容的坐标尺寸。

（4）划线前的准备工作。

6）划线步骤

（1）研究图纸，确定划线基准，详细了解需要划线的部位及这些部位的作用、需求和有关的加工工艺。

（2）初步检查毛坯的误差情况，去除不合格毛坯。

（3）工件表面涂色。

（4）正确安放工件和选用划线工具。

（5）划线。

（6）详细检查划线的精度以及线条有无漏划。

（7）在线条上打样冲眼。

2．锯削

1）锯削的概念及工作范围

（1）概念：用手锯锯断金属材料或在工件上锯出沟槽的操作称为锯削。

（2）工作范围：分割各种材料或半成品；锯掉工件上的多余部分；在工件上锯槽。

2）手锯的种类及构造

手锯由锯弓和锯条两部分组成。锯弓用于安装和张紧锯条，有固定式和可调式两种。固定式只能安装一种长度的锯条，可调式通过调整可以安装几种长度的锯条。

3）锯条

（1）锯条的规格：两端安装孔中心距 300 mm × 12 mm × 0.8 mm。

（2）锯齿角度：前角 γ 约为 0°，楔角 β 为 45°~50°，后角 α 为 40°~45°。

手锯

（3）锯路及种类：锯条制造时，将锯齿按一定的规律左右错开，排列成一定的形状，称为锯路。其作用是使工件上的锯缝宽度大于锯条背部的厚度，从而减少了锯削过程中的摩擦、"夹锯"和锯条折断现象，延长了锯条使用寿命。锯路有交叉形和波浪形。

（4）锯齿的粗细及锯条正确选用。

锯齿的粗细一般根据加工材料的软硬、切面大小等来选用。粗齿锯条的容屑槽较大，适用于锯削软材料或切面较大的工件；锯削硬材料或切面较小的工件时应该用细齿锯条；锯削管子和薄板时，必须用细齿锯条。

4) 锯割方法

(1) 工件的夹持。

①工件应夹在台虎钳的左面，以便操作；

②工件不应伸出钳口过长，锯缝距钳口侧面约 2mm，以防止产生振动；

③锯缝线要与钳口侧面保持平行，以便于控制锯缝不偏离划线线条；

④夹紧要牢靠，同时要避免将工件夹变形和夹坏已加工面。

起锯

(2) 锯条安装。安装锯条时，锯齿要朝前，不能反装。锯条安装松紧要适当，太松或太紧在锯割过程中锯条都容易折断，太松还容易在锯割时使锯缝歪斜，一般松紧程度以两个手指的力旋紧为止。

(3) 起锯方法。起锯有远起锯和近起锯两种，为避免锯条卡住或崩裂，一般尽量采用远起锯。起锯时角度要小些，一般不大于 15°。

(4) 锯割速度、压力、往复长度要适当。一般锯削速度为 40 次/min 左右，锯割硬材料慢些，锯割软材料快些。锯条应往复直线推动，不要左右摆动，保持锯条 2/3 以上处于工作状态。

(5) 各种工件的锯割方法。锯割姿势与操作方法：锯割时的站立位置与錾切基本相似，左脚向前半步，右脚稍微朝后，自然站立，重心偏于右脚，右脚要站稳伸直，左腿膝盖关节应稍微自然弯曲，握锯要自然舒展，右手握柄，左手扶弓，运动时右手施力，左手压力不要太大，主要是协助右手扶正锯弓。锯割时的姿势有两种：一种是直线往复运动，适用于锯薄形工件和直槽；另一种是摆动式，这种操作方法两手动作自然，不易疲劳，切削效率高。锯割时工件应夹在左面，以便操作。

工件要夹紧，以免在锯割过程中产生振动。

锯削速度

5) 锯条损坏和工件产生废品的原因分析及预防

(1) 锯条折断原因。

①工件未夹紧；

②锯条装得过紧或过松；

③压力过大或过猛；

④强行纠正歪斜的锯缝；

⑤中间磨损，拉长卡住而折断；

⑥停用时未从工件中取出而碰断。

(2) 锯齿崩裂原因。

①锯条选用不当；

②起锯角太大；

③突然摆动过大，锯齿猛烈撞击。

(3) 锯缝歪斜原因。

①锯缝线不垂直；

②锯条太松；

③锯齿两面磨损不均；

④压力过大，锯条左右偏摆。

(4) 锯弓未扶正或用力歪斜。

6) 注意及安全事项

锯削时
锯弓的运动

（1）必须注意工件的安装夹持及锯条安装是否正确，并要注意起锯方法和角度的正确，以免造成废品和锯条损坏。

（2）掌握锯割速度，防止锯条很快磨钝，及时纠正错误姿势。

（3）要适时注意锯缝的平直情况，及时借料。

（4）锯钢件时可加些机油，减少摩擦，以提高锯条的使用寿命。

（5）锯割完毕后将锯条放松，但不要拆下，以免零件丢失。

（6）锯削时要防止锯条折断从锯弓上弹出伤人。

锉削

（7）工件被锯下的部分要防止跌落砸在脚上。

2. 锉削

1）锉削的特点及应用

用锉刀对工件表面进行切削加工，使其尺寸、形状、位置和表面粗糙度等都能达到要求的加工方法叫锉削。其加工简便，工作范围广，多用于錾削、锯削后的精加工。锉削可对工件上的平面、曲面、内外圆弧、沟槽和各种复杂形状的表面进行加工，其精度可达 IT8～IT7 级，表面粗糙度可达 0.8 μm。锉削可用于成形样板、模具、型腔以及部件、机器装配时的修整，是钳工主要的操作方法之一。

2）锉刀

（1）各部分名称及规格。锉刀用高碳工具钢 T12、T13 或 T12A、T13A 制成，经热处理后硬度可达 62～72HRC。锉刀由锉身和锉柄两部分组成。锉刀的规格有尺寸规格和粗细规格两种。

锉刀

①尺寸规格：圆锉以其断面直径、方锉以其边长为尺寸规格，其他锉刀以锉身长度表示。

常用的锉刀有 100 mm、125 mm、150 mm、200 mm、250 mm、300 mm 和 350 mm 等几种。异形锉和整形锉的尺寸规格是指锉刀全长。

②粗细规格以锉刀每 10mm 轴向长度内的主锉纹条数来表示。

（2）锉刀的齿纹。根据锉齿图案的排列方式，有单齿纹和双齿纹两种。单齿纹适用于锉削软材料；双齿纹由主锉纹（起主要切削作用）和辅锉纹（起分屑作用）构成，适用于锉削硬材料。

（3）锉刀的种类按用途不同，可分为钳工锉、异形锉和整形锉 3 类。

①钳工锉应用广泛，按其断面形状不同，分为平锉、方锉、三角锉、半圆锉和圆锉。

②异形锉用来锉削工件上的特殊表面，有弯的和直的两种。

③整形锉主要用于修整工件上的细小部分，通常以多把不同断面形状的锉刀组成一组。

（4）锉刀的粗细及选择。锉刀的一般选择原则是根据工件的表面形状和加工面的大小选择断面形状和规格；根据材料软硬和加工余量、精度和表面粗糙度等要求选择锉刀的齿纹粗细。

①粗齿锉刀（1 号纹）一般用于锉削铜、铝等软金属及加工余量大、精度低和表面粗糙的工件。

②中齿锉刀（2 号纹）适用于粗锉后的加工；

③细齿锉刀（3 号纹）适用于锉削钢、铸铁以及加工余量小、精度要求高和表面粗糙度值较低的工件。

④油光锉（5号纹）用于最后修光表面，Ra 可达 0.8 μm。

（5）锉刀的正确使用和保养。

①新锉刀先使用一面，再使用另一面；

②粗锉时，应使用锉刀有效全长，既可提高效率，又可避免局部磨损；

③锉刀上不可沾油或水；

④及时用钢丝刷对锉屑进行清除；

⑤不可锉毛坯件的硬皮及经过淬硬的工件；

⑥锉刀使用完毕后必须清刷干净，以免生锈；

⑦不可与其他工具或工件堆放在一起，也不可与其他锉刀重叠堆放，以免损坏锉齿。

3）锉削方法

（1）工件的夹持。

（2）正确锉削方法。

（3）锉削速度。

挫削工件的装夹　　平面的挫法

4）各种表面的锉削方法及检查

（1）大平面的锉削方法及检查。

（2）内、外圆弧面的锉削方法及检查。

曲线的挫法

三、项目实施

（1）分析加工工艺，填写工艺卡。

序号	工步	刀具	工时

（2）使用钳工工具实施零件加工，做好加工记录。

①零件加工前要做好哪些准备工作？

②在操作工程中发现了哪些问题？

③如何对问题进行分析？

④解决问题的方案是什么？

⑤完成加工后需要做哪些工作？

四、项目考核

（1）零件验收与评估，填写工件质量评分表。

工件质量评分表（40分）					
序号	考核项目	考核内容及要求	配分	评分标准	得分
总分					

（2）项目评估与总结，填写工艺与现场操作规范、安全文明生产评分表，汇总项目考核成绩。

工艺与现场操作规范（30 分）					
序号	考核项目	考核内容	配分	评分标准	得分
1	工艺制定	加工工艺制定合理	10	出错 1 次扣 1 分	
2	书写	书写规范	5	酌情给分	
3	机床	正确选用及使用机床	5	出错 1 次扣 1 分	
4	刀具	正确选用及使用刀具	5	出错 1 次扣 1 分	
5	量具	正确选用及使用量具	5	出错 1 次扣 1 分	
总分					

安全文明生产评分表（10 分）					
序号	项目	考核内容	配分	现场表现	得分
1	安全文明生产	工作场所 6S	5		
2		设备维护保养	5		
总分					

操作技能考核总成绩表				
序号	项目名称	配分	得分	备注
1	工艺与现场操作规范	30		
2	安全文明生产	10		
3	工件质量	40		
4	教师与学生评价	20		
总分		100		

项目四　凸形块加工

班级		项目开展时间		项目指导教师	
姓名		项目实施地点		项目考核成绩	

一、实训目标

1. 能力目标

（1）掌握划线技巧，能够独立划线。

（2）掌握钻床的操作方法以及钻孔技能。

（3）掌握锯割过程中的锯姿，以及锯割过程中运动的方式和用力的方法。

（4）掌握锉削基本动作要领。

（5）掌握保证尺寸精度、形位精度和表面粗糙度的方法。

2. 知识目标

（1）了解划线原理、方法及应用。

（2）了解钻削原理、方法及应用。

（3）了解锯割原理、方法及应用。

（4）了解锉削原理、方法及应用。

3. 素质目标

（1）在小组学习的过程中，具备发现和解决问题的能力。

（2）具有团队协作、提炼总结及科学合理制订和实施工作计划的能力。

（3）具有勤学苦练的精神，养成遵纪守规、安全操作、文明生产的职业习惯。

（4）具有进行自我剖析和自我检查的能力。

二、实训项目

如图 2-3 所示零件，材料为 Q235，要求用钻削、锯割和锉削的方法加工出合格零件。

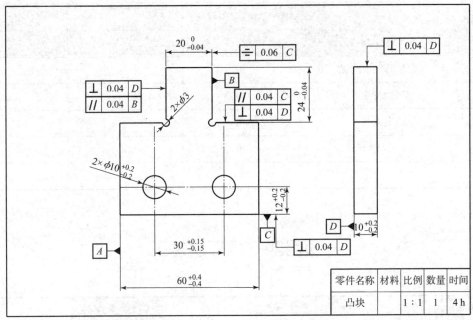

图 2-3　凸形块

1. 钻孔

1）钻孔概述

用钻头在实体材料上加工孔叫钻孔。在钻床上钻孔时，一般情况下，钻头应同时完成两个运动：主运动，即钻头绕轴线的旋转运动（切削运动）；辅助运动，即钻头沿着轴线方向对着工件的直线运动（进给运动）。钻孔时，由于钻头结构上存在的缺陷会影响加工质量，故加工精度一般在 IT10 级以下，表面粗糙度为 $Ra12.5\ \mu m$ 左右，属于粗加工。

钻孔

2）钻床

（1）台式钻床：钻孔直径一般为 $\phi12$ mm 以下，小巧灵活，主要用于加工小型零件上的小孔。

（2）立式钻床：主要由主轴、主轴变速箱、进给箱、立柱、工作台和底座组成，其规格用最大钻孔直径表示，如 $\phi25$ mm、$\phi35$ mm、$\phi40$ mm、$\phi50$ mm 等。立式钻床可以完成钻孔、扩孔、铰孔、锪孔、攻丝等加工，在立式钻床上，钻完一个孔后需移动工件钻另一个孔，对较大的工件移动很困难，因此立式钻床适于加工中小型零件上的孔。

（3）摇臂钻床：它有一个能绕立柱旋转（360°）的摇臂，摇臂带着主轴箱可沿立柱垂直移动，同时主轴箱还能在摇臂上做横向移动。由于摇臂钻的结构特点是能方便地调整刀具的位置，因此适用于加工大型、笨重零件及多孔零件上的孔。

（4）手电钻：在其他钻床不方便钻孔时，可用手电钻钻孔。

另外，现在市场上有许多先进的钻孔设备，如利用数控钻床可减少钻孔划线及钻孔偏移的烦恼，此外，还有磁力钻床等。

3）刀具

（1）钻头：有直柄和锥柄两种。它由柄部、颈部和切削部分组成，有两个前刀面、两个后刀面、两个副切削刃、一个横刃及一个顶角（116°～118°）。

（2）扩孔钻：基本上和钻头相同，不同的是，它有 3～4 个切削刃，无横刃，刚度、导向性好，切削平稳，所以加工孔的精度、表面粗糙度较好。

（3）铰刀：有手用、机用、可调锥形等多种，铰刀有 6～12 个切削刃，没有横刃，它的刚性、导向性更高。

（4）锪孔钻：有锥形、柱形和端面等几种。

麻花钻

4）附件

（1）钻头夹：装夹直柄钻头。

（2）过渡套筒：连接锥柄钻头。

（3）手虎钳：装夹小而薄的工件。

（4）平口钳：装夹加工过且平行的工件。

（5）压板：装夹大型工件。

钻孔方法

5）钻孔操作

（1）钻孔前一般先划线，确定孔的中心，在孔中心先用冲头打出中心眼。

（2）钻孔时应先钻一个浅坑，以判断是否对中。

（3）在钻削过程中，特别是钻深孔时，要经常退出钻头，以排出切屑和进行冷却，否则可能使切屑堵塞或钻头过热磨损甚至折断，并影响加工质量。

（4）钻通孔，当孔将被钻透时，进刀量要减小，避免钻头在钻穿时的瞬间抖动，出现"啃刀"现象，影响加工质量，损伤钻头，甚至发生事故。

（5）钻削大于 $\phi30$ mm 的孔应分两次钻，第一次先钻第一个直径较小的孔（为加工孔径的 0.5～0.7），第二次用钻头将孔扩大到所要求的直径。

（6）钻削时的冷却润滑：钻削钢件时常用机油或乳化液；钻削铝件时常用乳化液或煤油；钻削铸铁时则用煤油。

三、项目实施

（1）分析加工工艺，填写工艺卡。

序号	工步	刀具	工时

（2）加工中的注意事项有哪些?

四、项目考核

（1）零件验收与评估，填写工件质量评分表。

序号	考核项目	考核内容及要求	配分	评分标准	得分
colspan全			工件质量评分表（40分）		
1	尺寸精度	$20_{-0.04}^{0}$ mm	4	不合格不得分	
2	尺寸精度	30 mm ± 0.15 mm	3	不合格不得分	
3	尺寸精度	60 mm ± 0.4 mm	3	不合格不得分	
4	尺寸精度	$24_{-0.04}^{0}$ mm	4 × 2	不合格不得分	
5	尺寸精度	10 mm ± 0.2 mm	3	不合格不得分	
6	尺寸精度	12 mm ± 0.2 mm	3	不合格不得分	
7	垂直度	0.04 mm	2 × 3	不合格不得分	
8	平行度	0.04 mm	2 × 2	不合格不得分	
9	对称度	0.06 mm	2	不合格不得分	
10	表面粗糙度	Ra12.5 μm	2	每处不合格 −0.5	
11	去毛刺		2	不合格不得分	
总分					

（2）项目评估与总结，填写工艺与现场操作规范、安全文明生产评分表，汇总项目考核成绩。

序号	考核项目	考核内容	配分	评分标准	得分
			工艺与现场操作规范（30分）		
1	工艺制定	加工工艺制定合理	10	出错1次扣1分	
2	书写	书写规范	5	酌情给分	
3	机床	正确选用及使用机床	5	出错1次扣1分	
4	刀具	正确选用及使用刀具	5	出错1次扣1分	
5	量具	正确选用及使用量具	5	出错1次扣1分	
总分					

序号	项目	考核内容	配分	现场表现	得分
			安全文明生产评分表（10分）		
1	安全文明生产	工作场所6S	5		
2		设备维护保养	5		
总分					

操作技能考核总成绩表				
序号	项目名称	配分	得分	备注
1	工艺与现场操作规范	30		
2	安全文明生产	10		
3	工件质量	40		
4	教师与学生评价	20		
	总分	100		

项目五　注塑模具拆装实训

班级		项目开展时间		项目指导教师	
姓名		项目实施地点		项目考核成绩	

一、实训目标

1. 能力目标
（1）掌握成形零件、结构零件的装配和检测方法，以及模具总装顺序。
（2）能够熟练使用拆装工具。
2. 知识目标
（1）了解注塑模具结构。
（2）熟悉注塑模具各零部件的作用和装配关系。
3. 素质目标
（1）在小组学习的过程中，具备发现和解决问题的能力。
（2）具有团队协作、提炼总结及科学合理制订和实施工作计划的能力。
（3）具有勤学苦练的精神，养成遵纪守规、安全操作、文明生产的职业习惯。
（4）具有进行自我剖析和自我检查的能力。

二、实训项目

拆装如图 2 - 4 所示注塑模架。

三、项目实施

注塑模架各部分零件名称及图例见表 2 - 1。

动模座板和
定模座板

动模板和
定模板

支撑板

图 2 - 4　注塑模架

表 2 - 1　注塑模架各部分零件

名称	定位环	浇口套	定模座板	定模板
图例				

名称	导柱	导套	动模板	动模垫板
图例				

名称	顶针	复位杆	顶针固定板	推板
图例				

名称	垃圾钉	型芯镶件	模脚	动模座板
图例				

（1）分析装配工艺，填写工艺卡。

序号	工步	刀具	工时

（2）装配中的注意事项有哪些？

四、项目考核

项目评估与总结，对工艺与现场操作规范进行考核，填写安全文明生产评分表，并汇总项目考核成绩。

工艺与现场操作规范（60分）					
序号	考核项目	考核内容	配分	评分标准	得分
1	工艺制定	装配工艺制定合理	30	出错1次扣5分	
2	书写	书写规范	10	酌情给分	
3	工具	正确选用及使用工具	20	出错1次扣2分	
总分					

安全文明生产评分表（20分）					
序号	项目	考核内容	配分	现场表现	得分
1	安全文明生产	工作场所6S	10		
2		设备维护保养	10		
总分					

操作技能考核总成绩表				
序号	项目名称	配分	得分	备注
1	工艺与现场操作规范	60		
2	安全文明生产	20		
3	教师与学生评价	20		
总分		100		

模块三 数控车削加工实训项目

项目一　数控车削实训安全操作规程

班级		项目开展时间		项目指导教师	
姓名		项目实施地点		项目考核成绩	

一、实训目标

1. 能力目标

（1）能按照操作规程正确操作数控车床。

（2）每次加工结束能按照正规保养要求维护和保养机床。

2. 知识目标

（1）学会数控机床的文明生产方法。

（2）学会数控机床的通用保养方法。

（3）牢记数控车床的安全操作规程。

3. 素质目标

（1）在小组学习的过程中，具备发现和解决问题的能力。

（2）具有团队协作、提炼总结及科学合理制订和实施工作计划的能力。

（3）在实训中能展现良好的心理素质和克服困难的能力。

（4）具有进行自我批评和自我检查的能力。

二、基础知识链接

1. 机床操作前的准备工作

（1）进入数控实训场地必须穿戴好规定的防护用品，机加工时不准戴手套，女同学必须戴安全帽，并将头发系好兜在帽内，不准将头发留在帽外，不准穿高跟鞋，不准戴首饰。

（2）工具、量具、工件、附件及其他物品应摆放整齐，按左、右手习惯放置，毛坯、零件摆放整齐，检查工具是否完好。

（3）机床周围环境应干净整洁，光线适宜，附近不能放置其他杂物，以免给操作带来不便；机床的运动部件上不能放置工件、工具等。

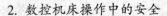

2. 数控机床操作中的安全

（1）启动机床前，应该仔细检查机床各部分机构是否完好，各传动手柄、变速手柄的位置是否正确，还应按要求对数控机床进行润滑保养。

（2）操作数控系统面板时，对各按键及开关的操作不得用力过猛，更不允许用扳手或其他工具进行操作。

（3）完成对刀后，要做模拟加工试验，以防止正式操作时发生撞坏刀具、工件或设备等事故。

（4）在数控切削过程中，因观察加工过程的时间多于操作时间，所以一定要选好操作者的观察位置，不允许随意离开实训岗位，以确保安全。

（5）操作数控系统面板及操作数控机床时，严禁两人同时操作。

（6）自动运行加工时，操作者应集中思想，左手手指应放在程序停止按钮上，眼睛观察刀尖运动情况，右手控制修调开关，控制机床拖板的运动速度率，发现问题应及时按下程序停止按钮，以确保刀具和数控车床安全，防止各类事故的发生。

3. 机床操作后的安全

（1）工作结束后关闭机床，并切断机床电源，整理工作场地，收拾好刀具、附件和测量工具。

（2）使用专用工具将切屑清理干净，拆卸搬运工件时避免将手划伤。

（3）进行日常维护、加注润滑油等。

（4）认真填写数控机床的工作日志，并做好交接工作，消除事故隐患。

4. 保养数控车床

数控机床维护保养规范见表3-1。

表3-1　数控机床维护保养规范

序号	检查周期	检查部位	检查要求
1	每天	导轨润滑油箱	检查油量，及时添加润滑油；检查润滑液压泵是否定时启动及停止
2	每天	主轴润滑恒温油箱	工作是否正常，油量是否充足，温度范围是否合适
3	每天	机床液压系统	油箱有无异常噪声，工作油面高度是否合适，压力表指示是否正常，管路及各接头有无泄漏
4	每天	压缩空气气源压力	气动控制系统压力是否在正常范围之内
5	每天	X、Z 轴导轨面	清除切屑和其他脏物，检查导轨面有无划伤损坏、润滑油是否充足
6	每天	各防护装置	机床防护罩是否齐全有效
7	每天	电器各散热通风装置	各电器柜中冷却扇是否正常工作，风道过滤网有无堵塞，并及时清洗过滤口
8	每周	各电器柜过滤网	清洗黏附的尘土，清洗不净时要及时更换
9	不定期	冷却液箱	及时检查液面高度，及时添加、更换冷却液

续表

序号	检查周期	检查部位	检查要求
10	不定期	排屑器	经常清理切屑,检查有无卡滞现象
11	半年	主轴驱动传动带	按说明书要求调整传动带松紧程度
12	半年	各轴导轨上镶条是否压紧滚轮	按照说明书要求检查压紧程度
13	一年	检查和更换电动机电刷	检查换向器表面,除去毛刺,吹净碳粉,磨损过多的电刷应及时更换
14	一年	液压油路	清洗溢流阀、减压阀、滤油器,油箱要更换液压油
15	一年	主轴润滑恒温油箱	清洗过滤器、油箱,更换润滑油
16	一年	冷却油泵过滤器	清洗冷却油池,更换过滤器
17	一年	滚珠丝杠	清洗丝杠上旧的润滑脂,并涂上新的润滑脂

三、回答下列问题

(1) 数控机床操作前需要注意哪些事项?

(2) 数控机床加工中要注意哪些事项?

(3) 机床操作完成后应如何对机床进行维护和保养?

四、项目考核

教师按学生表现填写考核表。

考核总成绩表				
序号	项目名称	配分	得分	备注
1	知识掌握	50		
3	安全文明生产	20		
4	教师评价	30		
	总分	100		

项目二 数控车床的基本操作与基本编程指令

班级		项目开展时间		项目指导教师	
姓名		项目实施地点		项目考核成绩	

一、实训目标

1. 能力目标
(1) 能正确地通过机床操作面板控制机床动作。
(2) 能正确地通过数控操作面板编辑程序。
2. 知识目标
(1) 掌握数控车床的结构及基本操作。
(2) 学会掌握面板各部分按键的功能及使用方法。
(3) 学会 GSK 980TDb 数控车床程序的录入、删除、修改的方法。
3. 素质目标
(1) 在小组学习的过程中,具备发现和解决问题的能力。
(2) 具有团队协作、提炼总结及科学合理制订和实施工作计划的能力。
(3) 在实训中能展现出良好的心理素质和克服困难的能力。
(4) 具有进行自我批评和自我检查的能力。

二、基础知识链接

1. 数控车床的组成及特点
数控车床,其总体布局和结构形式与普通车床类似,主要还是由主轴箱、刀架、进给系统、床身以及液压、冷却、润滑系统等部分组成,只是数控车床的动力是采用伺服电动机经滚珠丝杠传到滑板和刀架,实现 Z 向(纵向)和 X 向(横向)进给运动,其结构较普通车床大为简化。

数控车床的主要特点有：

（1）加工适应性强，能完成复杂型面的加工。

（2）加工精度高，质量稳定。

（3）生产率高。

（4）劳动强度低。

（5）具有良好的经济效益。

（6）有利于生产管理的现代化。

2. 机床的开启、运行、停止操作及注意事项

首先安全第一，关机前要先按急停按钮再切断系统电源开关，最后切断电源开关，开机时顺序相反。开机后刀架要进行回零操作，主轴要低速热运转几分钟才能进行正常加工，如果停机时间过长要多运行一会儿，而且刀架也要空运行几下再加工。一般中途停机超过半小时也要进行回零操作。

按循环启动按钮前为了安全起见要思索几秒钟，数控机床装夹刀具和工件时不能用蛮力野蛮操作。工件一定要装夹牢固才能启动主轴。机床正常运转前应该检查产品装夹是否牢固、刀具是否有干涉，运行时手应时刻放在复位键或急停按钮的位置。发现刀具或机床有异常时不要犹豫，立即按下复位键或者急停按钮。零件加工完成后，对于精度高的零件应检查产品的尺寸是否符合要求及表面粗糙度等是否达到图纸要求。

3. GSK 980TDb 数控车床操作面板说明

GSK 980TDb 数控车床采用集成式操作面板，面板划分（见图3-1）如下。

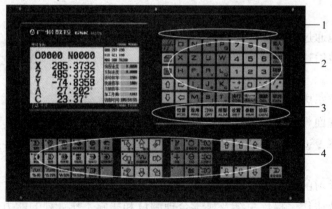

图 3-1　GSK 980TDb 面板划分

1—状态指示灯；2—编辑键盘；3—显示菜单；4—机床面板

1）状态指示灯

状态指示灯见表3-2。

表 3-2　状态指示灯

符号	名称	符号	名称
X○ Y○ Z○ 4th○	轴回零结束指示灯	○∿	快速指示灯

符号	名称	符号	名称
○ ▭▶	单段运行指示灯	○ ▨▶	程序段选跳指示灯
○ ▬▶	机床锁指示灯	○ MST ▬	辅助功能锁指示灯
○ ∿▶	空运行指示灯		

2）编辑键盘

编辑键盘按键符号、名称及功能见表3－3。

表3－3　编辑键盘按键符号、名称及功能

按键符号	名称	功能说明
RESET	复位键 CNC 复位	进给、输出、停止等
O N G X Z U W S T	地址键	地址输入
H_Y F_E R_V L_D I_A J_B K_O		双地址键，反复按键，在两者间切换
– + / * ␣ #	符号键	双地址键，反复按键，在两者间切换
7 8 9 4 5 6 1 2 3 0	数字键	数字输入
· < >	小数点	小数点输入
输入 IN	输入键	启动通信输出
输出 OUT	输出键	启动通信输出

续表

按键符号	名称	功能说明
转换 CHG	转换键	信息、显示的切换
插入INS 修改ALT / 删除 DEL / 取消 CAN	编辑键	编辑时程序、字段等的插入、修改和删除
换行 EOB	EOB 键	程序段结束符的输入
⇧ ⇨ ⇩ ⇦	光标移动键	控制光标移动
▤ ▤	翻页键	同一显示界面下页面的切换

3）显示菜单

编辑键盘菜单键见表 3 - 4。

表 3 - 4 编辑键盘菜单键一览表

菜单键	备注
位置 POS	进入位置界面。位置界面有相对坐标、绝对坐标、综合坐标、坐标 & 程序等四个页面
程序 PRG	进入程序界面。程序界面有程序内容、程序目录、程序状态、文件目录四个页面
刀补 OFT	进入刀补界面、宏变量界面、刀具寿命管理界面，反复按键可在三界面间转换。刀补界面可显示刀具偏置磨损；宏变量界面可显示 CNC 宏变量；刀具寿命管理界面可显示当前刀具寿命的使用情况并设置刀具的组号
报警 ALM	进入报警界面、报警日志，反复按键可在两界面间转换。报警界面有 CNC 报警、PLC 报警两个页面；报警日志可显示产生报警和消除报警的历史记录
设置 SET	进入设置界面、图形界面（980TDb 特有），反复按键可在两界面间转换。设置界面有开关设置、参数操作、权限设置、梯形图设置（2 级权限）、时间日期显示（参数设置）五个页面；图形界面可显示进给轴的移动轨迹
参数 PAR	进入状态参数、数据参数、螺补参数界面及 U 盘高级功能界面（识别 U 盘后）。反复按键可在各界面间转换
诊断 DGN	进入 CNC 诊断界面及 PLC 状态、PLC 数据、机床软面板、版本信息界面。反复按键可在各界面间转换。CNC 诊断界面、PLC 状态、PLC 数据显示 CNC 内部信号状态、PLC 各地址、数据的状态信息；机床软面板可进行机床软键盘操作；版本信息界面显示 CNC 软件、硬件及 PLC 的版本号

4）机床面板

GSK 980TDb 机床面板中按键的功能是由 PLC 程序（梯形图）定义的，机床面板各按键功能见表3－5。

表3－5 机床面板各按键功能

按键符号	名称	功能说明
进给保持	进给保持键	程序、MDI 代码运行暂停
循环启动	循环启动键	程序、MDI 代码运行启动
进给倍率	进给倍率键	进给速度的调整
⊓X1 F0 ⊓X10 25% ⊓X100 50% ⊓X1000 100%	快速倍率键	快速移动速度的调整
主轴倍率	主轴倍率键	主轴速度的调整（主轴转速模拟量控制方式有效）
换刀	手动换刀键	手动换刀
点动	点动开关键	主轴点动状态开/关
润滑	润滑开关键	机床润滑开/关
冷却	冷却液开关键	冷却液开/关
顺时针转		顺时针转
主轴停止	主轴控制键	主轴停止
逆时针转		逆时针转

续表

按键符号	名称	功能说明
快速移动	快速开关	快速速度/进给速度切换
X轴进给键	X轴进给键	手动、单步操作方式各轴
Z轴进给键	Z轴进给键	正向/负向移动
选择停	选择停	选择停有效时，执行M01暂停
单段	单段开关	程序单段运行/连续运行状态切换，单段有效时单段运行指示灯亮
跳段	程序段选跳开关	程序段首标有"/"号的程序段是否跳过状态切换。程序段选跳开关打开时，跳段指示灯亮
机床锁	机床锁住开关	机床锁住时机床锁住指示灯亮，进给轴输出无效
辅助锁	辅助功能锁住开关	辅助功能锁住时辅助功能锁住指示灯亮，M、S、T功能输出无效
空运行	空运行开关	空运行有效时空运行指示灯亮，加工程序/MDI代码段空运行
编辑	编辑方式选择键	进入编辑操作方式
自动	自动方式选择键	进入自动操作方式
MDI	录入方式选择键	进入录入（MDI）操作方式
机床零点	机床回零方式选择键	进入机床回零操作方式
手脉	单步/手脉方式选择键	进入单步或手脉操作方式（两种操作方式由参数选择其一）
手动	手动方式选择键	进入手动操作方式
程序零点	程序回零方式选择键	进入程序回零操作方式

5）操作方式概述

GSK 980TDb 数控车床有编辑、自动、录入、机床回零、单步/手脉、手动、程序回零等七种操作方式。

（1）编辑操作方式。

在编辑操作方式下，可以进行加工程序的建立、删除和修改等操作。

（2）自动操作方式

在自动操作方式下，自动运行程序。

（3）录入操作方式

在录入操作方式下，可进行参数的输入以及代码段的输入和执行。

（4）机床回零操作方式

在机床回零操作方式下，可分别执行进给轴回机床零点操作。

（5）手脉/单步操作方式

在单步/手脉进给方式中，CNC 按选定的增量进行移动。

（6）手动操作方式

在手动操作方式下，可进行手动进给、手动快速、进给倍率调整、快速倍率调整及主轴启停、冷却液开关、润滑液开关、主轴点动和手动换刀等操作。

（7）程序回零操作方式

在程序回零操作方式下，可分别执行进给轴回程序零点操作。

3. GSK 980TDb 数控车床的编程特点及 G 代码、M 代码

1）数控车床编程特点

（1）在一个程序段中，根据图样尺寸，可以采用绝对值编程、增量值编程或二者混合编程。

（2）在车床上，工件的毛坯多为圆棒料或铸锻件，加工余量较大，所以为简化编程，数控装置常具备不同形式的固定循环，可进行多次重复切削循环。

（3）由于被加工零件的径向尺寸在图样上及进行测量时，都是以直径值表示，所以直径方向用绝对值编程时，X 以直径值表示；用增量值编程时，以径向实际位移的二倍值表示，并附上方向符号（正向可省略）。

（4）为提高工件径向尺寸的精度，X 轴方向的脉冲当量常取 Z 轴的一半。

（5）在数控车床的控制系统中都有刀具的补偿功能，编程人员可以按照工件的实际轮廓编制程序，为编程提供了方便。

2）切削用量的选择

（1）背吃刀量的确定。

在工艺系统刚性和机床功率允许的条件下，应尽可能选取较大的背吃刀量，以减少进给次数。当零件的精度要求较高时，应考虑留出精车余量，其精车余量一般比普通车削时所留余量少，常取 0.3 ~ 0.5 mm。

（2）主轴转数的确定。

在保证刀具的耐用度及切削负荷不超过机床额定功率的情况下的切削速度。粗加工时，背吃刀量和进给量均较大，故选较低的切削速度；精加工时，则选较高的切削速度。主轴转速要根据允许的切削速度 v 来选择。由切削速度 v 计算主轴转速的公式如下：

$$n = 1\,000v/(\pi d)$$

式中，d——零件直径，mm

      n——主轴转速，r/min

      v——切削速度，m/min

（3）进给量 f 的确定。

进给速度是指在单位时间内刀具沿进给方向移动的距离（单位为 mm/min）。有些数控车床可以选用进给量（单位 mm/r）表示进给速度。粗加工时，进给量主要在保证刀杆、刀具、车床、零件刚度等条件的前提下，选用尽可能大的 f 值；精加工时，进给量主要受表面粗糙度的限制，当表面粗糙度要求较高时，应选较小的 f 值。

3）准备功能及辅助功能

准备功能 G 代码及辅助支持 M 代码的指令格式分别见表 3–6 和表 3–7。

表 3–6　G 代码指令格式

代码	分组	意义	格式
G00	01	快速进给、定位	G00 X_Z_
G01		直线插补	G01 X_Z_
G02		圆弧插补（顺时针）	$\left\{\begin{matrix}G02\\G03\end{matrix}\right\}$ X_Z_$\left\{\begin{matrix}R\_\\I\_K\_\end{matrix}\right\}$
G03		圆弧插补（逆时针）	
G04	00	暂停	G04 X(P)_ U 单位：s; P 单位：ms（整数）
G20	06	英制输入	
G21		米制输入	
G28	0	回归参考点	G28 X_Z_
G29		由参考点回归	G29 X_Z_
G32	01	螺纹切削（由参数指定绝对值和增量值）	G32 X(U)_ Z(W)_ F_ F 为公制螺纹螺旋
G40	07	刀具补偿取消	G40
G41		左半径补偿	$\left.\begin{matrix}G41\\G42\end{matrix}\right\}Dnn$
G42		右半径补偿	
G50	00	设定工件坐标系：G50 X_Z_ 偏移工件坐标系：G50 U_W_	
G53		机械坐标系选择	G53 X_Z_

续表

代码	分组	意义	格式
G54		选择工作坐标系1	
G55		选择工作坐标系2	
G56	12	选择工作坐标系3	
G57		选择工作坐标系4	
G58		选择工作坐标系5	
G59		选择工作坐标系6	
G70	00	精加工循环	G70 P(ns)　Q(nf)
G71		外圆粗车循环	G71 U(Δd)　R(e) G71 P(ns)　Q(nf)　U(Δu)　W(Δw)　F(f)
G72		端面粗切削循环	G72 W(Δd) R(e) G72 P(ns) Q(nf) U(Δu) W(Δw) F(f) S(s) T(t) Δd：切深量； e：退刀量； ns：精加工形状程序段组第一个程序段的顺序号； nf：精加工形状程序段组最后程序段的顺序号； Δu：X方向精加工余量的距离及方向； Δw：Z方向精加工余量的距离及方向
G73		仿形切削循环	G73 U(i)　W(Δk)　R(d) G73 P(ns)　Q(nf)　U(Δu)　W(Δw)　F(f)
G74		端面切断循环	G74 R(e) G74 X(U)_Z(W)_P(Δi)　Q(Δk)　R(Δd)　F(f) e：返回量； Δi：X方向的移动量； Δk：Z方向的切深量； Δd：孔底的退刀量； f：进给速度
G75		内径/外径切断循环	G75 R(e) G75 X(U)_Z(W)_P(Δi)　Q(Δk)　R(Δd)　F(f)

续表

代码	分组	意义	格式
G76		复合型螺纹切削循环	G76 P(m)(r)(a) Q(Δdmin) R(d) G76 X(U)_Z(W)_R(i) P(k) Q(Δd) F(l) m：最终精加工重复次数为 1~99； r：螺纹的精加工量（倒角量）； a：刀尖的角度（螺牙的角度），可选择 80°、60°、55°、30°、29°、0°六个种类； m，r，a：用地址 P 一次指定； Δdmin：最小切深度； i：螺纹部分的半径差； k：螺牙的高度； Δd：第一次的切深量； l：螺纹导程
G90	01	直线车削循环	G90 X(U)_Z(W)_F_ G90 X(U)_Z(W)_R_F_
G92		螺纹车削循环	G92 X(U)_Z(W)_F_ G92 X(U)_Z(W)_R_F_
G94		端面车削循环	G94 X(U)_Z(W)_F_ G94 X(U)_Z(W)_R_F_
G98	05	每分钟进给速度	
G99		每转进给速度	

表 3-7　M 代码指令格式

代码	意义	格式
M00	停止程序运行	
M01	选择性停止	
M02	结束程序运行	
M03	主轴正向转动开始	
M04	主轴反向转动开始	
M05	主轴停止转动	
M06	换刀指令	M06 T_
M08	冷却液开启	
M09	冷却液关闭	
M30	结束程序运行且返回程序开头	

代码	意义	格式
M98	子程序调用	M98 P×× nnnn 调用程序号为 Onnnn 的程序 ×× 次。
M99	子程序结束	子程序格式： Onnnn … … M99

4. GSK 980TDb 数控车床的结构及主要技术规格

控制轴：2 轴（X、Z）；同时进给轴数：2 轴。

插补功能：X、Z 两轴直线、圆弧插补。

位置指令范围：$-9\,999.999 \sim 9\,999.999$ mm；最小指令单位：0.001 mm。

进给倍率：$0 \sim 150\%$，十六级实时调节。

手轮进给：0.001 mm、0.01 mm、0.1 mm 三挡。

显示方式：中文或英文界面由参数设置，可显示加工轨迹图形。

编辑方式：全屏幕编辑，支持相对坐标、绝对坐标和混合坐标编辑。

主轴转速控制：S 指令给定主轴每分钟转速或切削线速度（恒线速度控制）。

T 指令：四个刀位。

三、回答下列问题

（1）画出数控车床的操作面板，标注常用按钮的名称，并写出其用途。

（2）切削用量的选择应注意哪些事项？

（3）数控车床有什么主要特点？

四、项目考核

教师按学生表现填写考核表。

考核总成绩表				
序号	项目名称	配分	得分	备注
1	基本命令掌握情况	50		
2	安全文明生产	20		
3	教师评价	30		
	总分	100		

项目三　数控车削对刀实训

班级		项目开展时间		项目指导教师	
姓名		项目实施地点		项目考核成绩	

一、实训目标

1. 能力目标

（1）掌握数控车床的对刀原理。

（2）能正确地输入、修改刀具形状补偿和磨耗补偿。

2. 知识目标

（1）学会数控车削对刀方法。

（2）能够正确使用三爪自定心卡盘夹紧工件。

（3）能够正确使用游标卡尺、外径千分尺测量工件。

3. 素质目标

（1）在小组学习的过程中，具备发现和解决问题的能力。

（2）具有团队协作、提炼总结及科学合理制订和实施工作计划的能力。

（3）在实训中能展现良好的心理素质和克服困难的能力。

（4）具有进行自我批评和自我检查的能力。

二、基础知识链接

1. 制订任务计划

（1）加工方案。

采用三爪自定心卡盘装夹，零件伸出 65 mm（毛坯尺寸 $\phi40$ mm × 125 mm）。

（2）加工工序见表 3 - 8。

表 3 - 8 对刀工序单

单位名称				零件名称		
工序号	程序编号	夹具名称		使用设备	数控系统	车间
		三爪卡盘		数控车床	FANUC 0i	数控实习车间
工步号	工步内容	刀具号	刀具规格 /mm	主轴转速 /(r·min^{-1})	进给量 /(mm·r^{-1})	背吃刀量 /mm
1	车端面	T01	20 × 20	600	0.2	1
2	车外圆	T01	20 × 20	600	0.15	0.5
编制		审核		批准		共 1 页

（3）教师示范如何进行对刀操作。

（4）学生进行对刀操作练习。

（5）实训后清扫机床。

2. 指导学生实施计划

分组进行操作，每组一台机床，开始输入程序、装夹工件和装刀，进行零件的对刀练习。一方面学生的操作规范得到锻炼；另一方面需要对每小组进行检查，为项目的评估做好有效的准备。

操作要点（见图 3 - 2）：

（1）选择 T01 号刀，使刀具沿 A 表面切削。

（2）在 Z 轴不动的情况下沿 X 轴退出刀具，并停止主轴旋转。

（3）按"刀补"键进入刀具偏置页面，按"↑"键、"↓"键移动光标，选择该刀具对应的偏置号。

（4）输入"Z0"，按"输入"键输入。

（5）使刀具沿 B 表面切削。

（6）在 X 轴不动的情况下，沿 Z 轴退出刀具，并停止主轴旋转。

（7）用外径千分尺测量"a"（假定 a = 34）。

（8）按"刀补"键进入刀具偏置界面，选择

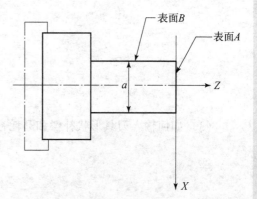

图 3 - 2 对刀示意图

刀具偏置界面，按"↑"键、"↓"键移动光标，选择该刀具对应的偏置号。

（9）输入"X34"，按"输入"键输入。

（10）移动刀具至安全换刀位置，换另一把刀。

（11）使刀具靠近 A 表面，直至有微量切削。

（12）在 Z 轴不动的情况下沿 X 轴退出刀具，并停止主轴旋转。

（13）按"刀补"键进入刀具偏置页面，按"↑"键、"↓"键移动光标，选择该刀具对应的偏置号。

（14）输入"Z0"，按"输入"键输入。

（15）使刀具沿 B 表面切削。

（16）在 X 轴不动的情况下沿 Z 轴退出刀具，并且停止主轴旋转。

（17）用外径千分尺测量"a"（假定 $a = 33$）。

（18）按"刀补"键进入刀具偏置界面，选择刀具偏置界面，按"↑"键、"↓"键移动光标，选择该刀具对应的偏置号。

（19）输入"X33"，按"输入"键输入。

（20）其他刀具对刀方法重复步骤（10）～（19）。

数控车床
对刀操作

三、回答下列问题

（1）写出数控车床外圆车刀对刀操作步骤。

（2）多把刀如何进行对刀操作？

（3）如何输入刀具形状补偿和磨耗补偿？

四、项目考核

教师按学生表现填写考核表。

考核总成绩表				
序号	项目名称	配分	得分	备注
1	学生操作情况	50		
3	安全文明生产	20		
4	教师评价	30		
	总分	100		

项目四　简单轴类零件的数控车削加工

班级		项目开展时间		项目指导教师	
姓名		项目实施地点		项目考核成绩	

一、实训目标

1. 能力目标

（1）会编制简单轴类零件的加工程序。

（2）能操作数控车床完成项目零件的加工。

（3）具备数控机床基本维护与保养的能力。

2. 知识目标

（1）掌握程序段的组成格式。

（2）掌握 G00/G01/G71/G70 等编程指令。

（3）掌握切削三要素及其参数的合理选用。

3. 素质目标

（1）在小组学习的过程中，具备发现和解决问题的能力。

（2）具有团队协作、提炼总结及科学合理制订和实施工作计划的能力。

（3）上机床操作应具备良好的心理素质和克服困难的能力。

（4）成果展示阶段，具有自我评价和创新的能力。

二、实训项目

如图 3-3 所示轴类零件，材料为 45 钢，未注长度尺寸允许偏差 ±0.1 mm，未注倒角为 C1，未注表面粗糙度值为 $Ra3.2$ μm，毛坯为 $\phi45$ mm × 100 mm，要求用 G71/G70、G00/G01 等指令编写加工程序，并在数控机床上加工出合格零件。

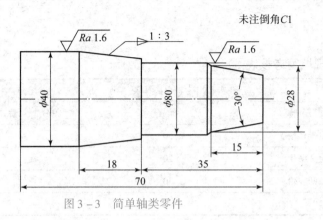

未注倒角C1

工件实体图形

工件实操视频

图 3 - 3 简单轴类零件

三、项目实施

（1）分析加工工艺，填写工艺卡。

序号	工步	主轴转速	进给速度	背吃刀量	刀具	夹具	工时

（2）编制加工程序，填写程序单。

（3）操作数控车床，实施零件加工，做好加工记录，并回答下列问题。

①零件加工前要做哪些准备工作？

②在操作数控车床完成零件加工时出现了哪些问题？这些问题是如何解决的？

四、项目考核

（1）零件验收与评估，填写工件质量评分表。

工件质量评分表（40分）					
序号	考核项目	考核内容及要求	配分	评分标准	得分
1	$\phi40$ mm	±0.1 mm	5	超差不得分	
2	$\phi30$ mm	±0.1 mm	5	超差不得分	
3	30°	$\pm2°$	3	超差不得分	
4	15 mm	±0.1 mm	3	超差不得分	
5	35mm	±0.1 mm	3	超差不得分	
6	70 mm	±0.1 mm	5	超差不得分	
7	表面粗糙度	$Ra1.6$ μm，样板检测	6	降一级扣2分	
8	锥度	1：3，样板检测	3	不合格不得分	
9	锐角倒钝		7	少一处扣2分	
总分					

（2）项目评估与总结，填写程序与工艺评分表、安全文明生产评分表，汇总项目考核成绩。

程序与工艺评分表（20分）					
序号	考核项目	考核内容	配分	评分标准	得分
1	工艺制定	加工工艺制定合理	10	出错1次扣1分	
2	切削用量	切削用量选择合理	5	出错1次扣1分	
3	程序编制	程序正确、合理	5	出错1次扣1分	
总分					

安全文明生产评分表（20分）					
序号	项目	考核内容	配分	现场表现	得分
1	安全文明生产	正确使用机床	5		
2		正确使用刀、卡、量具	5		
3		工作场所6S	5		
4		设备维护和保养	5		
总分					

操作技能考核总成绩表				
序号	项目名称	配分	得分	备注
1	程序与工艺	20		
2	安全文明生产	20		
3	工件质量	40		
4	教师与学生评价	20		
总分		100		

项目五 复杂单调轮廓的数控车削加工（一）

班级		项目开展时间		项目指导教师	
姓名		项目实施地点		项目考核成绩	

一、实训目标

1. 能力目标

（1）会编制复杂单调轮廓轴类零件的加工程序。

（2）能操作数控车床完成项目零件的加工。

（3）具备数控机床基本维护与保养的能力。

2．知识目标

（1）掌握程序段的组成格式。

（2）掌握 G02\G03\G71\G70 编程指令。

（3）掌握切削三要素及其参数的合理选用。

3．素质目标

（1）在小组学习的过程中，具备发现和解决问题的能力。

（2）具有团队协作、提炼总结及科学合理制订和实施工作计划的能力。

（2）上机床操作应具备良好的心理素质和克服困难的能力。

（3）成果展示阶段，具有自我评价和创新的能力。

二、实训项目

如图 3 -4 所示轴类零件，材料为 45 钢，未注长度尺寸允许偏差 ±0.1 mm，未注倒角为 $C1$，未注表面粗糙度值为 $Ra3.2$ μm，毛坯为 $\phi45$ mm×80 mm，要求用 G71/G70、G02/G03 等指令编写加工程序，并在数控机床上加工出合格零件。

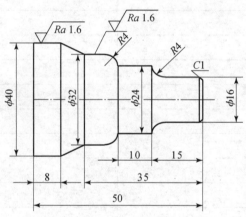

工件实体图形

工件实操视频

图 3 -4　复杂单调轮廓轴类零件

三、项目实施

（1）分析加工工艺，填写工艺卡。

序号	工步	主轴转速	进给速度	背吃刀量	刀具	夹具	工时

（2）编制加工程序，填写程序单。

（3）操作数控车床，实施零件加工，做好加工记录，并回答以下问题。

①零件加工前要做哪些准备工作？

②在操作数控车床完成零件加工时出现了哪些问题？这些问题是如何解决的？

四、项目考核

（1）零件验收与评估，填写工件质量评分表。

工件质量评分表（40分）					
序号	考核项目	考核内容及要求	配分	评分标准	得分
1	$\phi16$ mm	±0.1 mm	3	不合格不得分	
2	$\phi24$ mm	±0.1 mm	3	不合格不得分	
3	$\phi32$ mm	±0.1 mm	3	不合格不得分	
4	$\phi40$ mm	±0.1 mm	3	不合格不得分	
5	15mm	±0.1 mm	3	不合格不得分	
6	10 mm	±0.1 mm	3	不合格不得分	
7	35 mm	±0.1 mm	3	不合格不得分	
8	50 mm	±0.1 mm	3	不合格不得分	
9	$R4$ mm（两处）	样板检测	6	每处3分	
10	$C1$	样板检测	4	不合格不得分	
11	表面粗糙度	$Ra1.6$ μm，样板检测	6	每处2分	
总分					

（2）项目评估与总结，填写程序与工艺评分表和安全文明生产评分表，汇总项目考核成绩。

程序与工艺评分表（20分）					
序号	考核项目	考核内容	配分	评分标准	得分
1	工艺制定	加工工艺制定合理	10	出错1次扣1分	
2	切削用量	切削用量选择合理	5	出错1次扣1分	
3	程序编制	程序正确、合理	5	出错1次扣1分	
总分					

安全文明生产评分表（20分）					
序号	项目	考核内容	配分	现场表现	得分
1	安全文明生产	正确使用机床	5		
2		正确使用刀、卡、量具	5		
3		工作场所6S	5		
4		设备维护和保养	5		
总分					

续表

操作技能考核总成绩表				
序号	项目名称	配分	得分	备注
1	程序与工艺	20		
2	安全文明生产	20		
3	工件质量	40		
4	教师与学生评价	20		
	总分	100		

项目六　复杂单调轮廓的数控车削加工（二）

班级		项目开展时间		项目指导教师	
姓名		项目实施地点		项目考核成绩	

一、实训目标

1. 能力目标

（1）会编制复杂单调轮廓轴类零件的加工程序。

（2）能操作数控车床完成项目零件的加工。

（3）具备数控机床基本维护与保养的能力。

2. 知识目标

（1）掌握程序段的组成格式。

（2）掌握 G02\G03\G71\G70 编程指令。

（3）掌握切削三要素及其参数的合理选用。

3. 素质目标

（1）在小组学习的过程中，具备发现和解决问题的能力。

（2）具有团队协作、提炼总结及科学合理制订和实施工作计划的能力。

（3）上机床操作应具备良好的心理素质和克服困难的能力。

（4）成果展示阶段，具有自我评价和创新的能力。

二、实训项目

如图 3-5 所示轴类零件，材料为 45 钢，未注长度尺寸允许偏差 ±0.1 mm，未注倒角为 C1，未注表面粗糙度值为 $Ra3.2$ μm，毛坯为 $\phi40$ mm × 50 mm，要求用 G71/G70、G02/G03 等指令编写加工程序，并在数控机床上加工出合格零件。

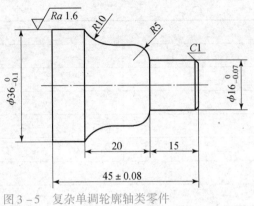

工件实体图形

工件实操视频

图 3 – 5 复杂单调轮廓轴类零件

三、项目实施

（1）分析加工工艺，填写工艺卡。

序号	工步	主轴转速	进给速度	背吃刀量	刀具	夹具	工时

（2）编制加工程序，填写程序单。

（3）操作数控车床，实施零件加工，做好加工记录。

①零件加工前要做哪些准备工作？

②在操作数控车床完成零件加工时出现了哪些问题？这些问题是如何解决的？

四、项目考核

（1）零件验收与评估，填写工件质量评分表。

工件质量评分表（40分）					
序号	考核项目	考核内容及要求	配分	评分标准	得分
1	$\phi16$ mm	$^{0}_{-0.07}$ mm	5	不合格不得分	
2	$\phi36$ mm	$^{0}_{-0.1}$ mm	5	不合格不得分	
3	15 mm	±0.1 mm	4	不合格不得分	
4	20 mm	±0.1 mm	4	不合格不得分	
5	45 mm	±0.08 mm	5	不合格不得分	
6	$R5$ mm	样板检测	4	不合格不得分	
7	$R10$ mm	样板检测	4	不合格不得分	
8	$C1$	样板检测	3	不合格不得分	
9	表面粗糙度	$Ra1.6$ μm，样板检测	6	一处不合格扣2分	
总分					

（2）项目评估与总结，填写程序与工艺评分表、安全文明生产评分表，汇总项目考核成绩。

程序与工艺评分表（20分）					
序号	考核项目	考核内容	配分	评分标准	得分
1	工艺制定	加工工艺制定合理	10	出错1次扣1分	
2	切削用量	切削用量选择合理	5	出错1次扣1分	
3	程序编制	程序正确、合理	5	出错1次扣1分	
总分					

安全文明生产评分表（20分）					
序号	项目	考核内容	配分	现场表现	得分
1	安全文明生产	正确使用机床	5		
2		正确使用刀、卡、量具	5		
3		工作场所6S	5		
4		设备维护和保养	5		
总分					

操作技能考核总成绩表				
序号	项目名称	配分	得分	备注
1	程序与工艺	20		
2	安全文明生产	20		
3	工件质量	40		
4	教师与学生评价	20		
总分		100		

项目七　仿形轮廓件的数控车削加工

班级		项目开展时间		项目指导教师	
姓名		项目实施地点		项目考核成绩	

一、实训目标

1. 能力目标

（1）会编制仿形轴轴类零件的加工程序。

（2）能操作数控车床完成项目零件的加工。

（3）具备数控机床基本维护与保养的能力。

2. 知识目标

（1）掌握程序段的组成格式。

（2）掌握 G02\G03\G73\G70 编程指令。

（3）掌握切削三要素及其参数的合理选用。

3. 素质目标

（1）在小组学习的过程中，具备发现和解决问题的能力。

（2）具有团队协作、提炼总结及科学合理制订和实施工作计划的能力。

（3）上机床操作应具备良好的心理素质和克服困难的能力。

（4）成果展示阶段，具有自我评价和创新的能力。

二、实训项目

如图 3-6 所示轴类零件，材料为 45 钢，未注长度尺寸允许偏差 ±0.1 mm，未注表面粗糙度值为 Ra3.2 μm，毛坯为 φ45 mm×100 mm，φ12 mm 可直接钻削，不需车削，要求用 G73/G70、G02/G03 等指令编写加工程序，并在数控机床上加工出合格零件。

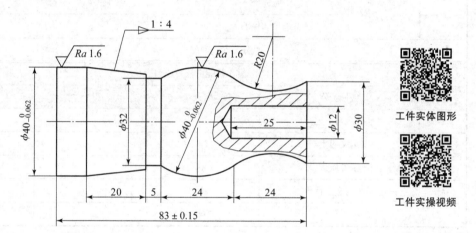

图 3-6　复杂非单调轮廓轴类零件

三、项目实施

（1）分析加工工艺，填写工艺卡。

序号	工步	主轴转速	进给速度	背吃刀量	刀具	夹具	工时

(2) 编制加工程序,填写程序单。

(3) 操作数控车床,实施零件加工,做好加工记录。

①零件加工前要做哪些准备工作?

②在操作数控车床完成零件加工时出现了哪些问题?这些问题是如何解决的?

四、项目考核

（1）零件验收与评估，填写工件质量评分表。

工件质量评分表（40分）					
序号	考核项目	考核内容及要求	配分	评分标准	得分
1	$\phi 30$ mm	± 0.1 mm	3	不合格不得分	
2	$\phi 32$ mm	± 0.1 mm	3	不合格不得分	
3	$\phi 40$ mm	$^{0}_{-0.062}$ mm	4	不合格不得分	
4	5 mm	± 0.1 mm	3	不合格不得分	
5	20 mm	± 0.1 mm	3	不合格不得分	
6	83 mm	± 0.15 mm	4	不合格不得分	
7	$\phi 12$ mm	± 0.1 mm	3	不合格不得分	
8	25 mm	± 0.1 mm	3	不合格不得分	
9	$R20$ mm	样板检测	3	不合格不得分	
10	$\phi 40$ mm	$^{0}_{-0.062}$ mm	4	不合格不得分	
11	锥度 1:4	样板检测	3	不合格不得分	
12	表面粗糙度	$Ra1.6$ μm，样板检测	4	一处不合格扣2分	
总分					

（2）项目评估与总结，填写程序与工艺评分表、安全文明生产评分表，汇总项目考核成绩。

程序与工艺评分表（20分）					
序号	考核项目	考核内容	配分	评分标准	得分
1	工艺制定	加工工艺制定合理	10	出错1次扣1分	
2	切削用量	切削用量选择合理	5	出错1次扣1分	
3	程序编制	程序正确、合理	5	出错1次扣1分	
总分					

安全文明生产评分表（20分）					
序号	项目	考核内容	配分	现场表现	得分
1	安全文明生产	正确使用机床	5		
2		正确使用刀、卡、量具	5		
3		工作场所6S	5		
4		设备维护和保养	5		
总分					

续表

<table>
<tr><td colspan="5">操作技能考核总成绩表</td></tr>
<tr><td>序号</td><td>项目名称</td><td>配分</td><td>得分</td><td>备注</td></tr>
<tr><td>1</td><td>程序与工艺</td><td>20</td><td></td><td></td></tr>
<tr><td>2</td><td>安全文明生产</td><td>20</td><td></td><td></td></tr>
<tr><td>3</td><td>工件质量</td><td>40</td><td></td><td></td></tr>
<tr><td>4</td><td>教师与学生评价</td><td>20</td><td></td><td></td></tr>
<tr><td></td><td>总分</td><td>100</td><td></td><td></td></tr>
</table>

项目八　复杂螺纹轴类零件的数控车削加工

<table>
<tr><td>班级</td><td></td><td>项目开展时间</td><td></td><td>项目指导教师</td><td></td></tr>
<tr><td>姓名</td><td></td><td>项目实施地点</td><td></td><td>项目考核成绩</td><td></td></tr>
</table>

一、实训目标

1. 能力目标

(1) 会编制复杂螺纹轴类零件的加工程序。

(2) 能操作数控车床完成项目零件的加工。

(3) 具备数控机床基本维护与保养的能力。

2. 知识目标

(1) 掌握程序段的组成格式。

(2) 掌握 G02\G03\G73\G70\G92 编程指令。

(3) 掌握切削三要素及其参数的合理选用。

3. 素质目标

(1) 在小组学习的过程中，具备发现和解决问题的能力。

(2) 具有团队协作、提炼总结及科学合理制订和实施工作计划的能力。

(3) 上机床操作应具备良好的心理素质和克服困难的能力。

(4) 成果展示阶段，具有自我评价和创新的能力。

二、实训项目

如图 3-7 所示轴类零件，材料为 45 钢，未注长度尺寸允许偏差 ±0.1 mm，未注表面粗糙度值为 $Ra3.2$ μm，毛坯为 $\phi52$ mm × 110 mm，$\phi20$ mm 的孔可钻削，要求用 G73/G70、G02/G03、G92 螺纹循环等指令编写加工程序，并在数控机床上加工出合格零件。

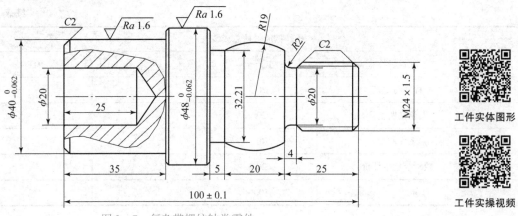

图 3 – 7　复杂带螺纹轴类零件

三、项目实施

（1）分析加工工艺，填写工艺卡。

序号	工步	主轴转速	进给速度	背吃刀量	刀具	夹具	工时

（2）编制加工程序，填写程序单。

（3）操作数控车床，实施零件加工，做好加工记录。

①零件加工前要做哪些准备工作？

②在操作数控车床完成零件加工时出现了哪些问题？这些问题是如何解决的？

四、项目考核

（1）零件验收与评估，填写工件质量评分表。

工件质量评分表（40 分）					
序号	考核项目	考核内容及要求	配分	评分标准	得分
1	$\phi40$ mm	$^{0}_{-0.062}$ mm	5	不合格不得分	
2	$\phi20$ mm	±0.1 mm	2	不合格不得分	
3	$\phi48$ mm	$^{0}_{-0.062}$ mm	5	不合格不得分	
4	32.21 mm	±0.1 mm	2	不合格不得分	
5	M24×1.5	环规检测	3	不合格不得分	
6	$R2$ mm	样板检测	2	不合格不得分	
7	$R19$ mm	样板检测	2	不合格不得分	
8	25 mm	±0.1 mm	2	不合格不得分	
9	35 mm	±0.1 mm	2	不合格不得分	

工件质量评分表（40分）					
序号	考核项目	考核内容及要求	配分	评分标准	得分
10	25 mm	±0.1 mm	2	不合格不得分	
11	20 mm	±0.1 mm	2	不合格不得分	
12	100 mm	±0.1 mm	3	不合格不得分	
13	倒角	样板检测	5	不合格一处扣1分	
14	表面粗糙度	$Ra1.6\ \mu m$，样板检测	3	不合格一处扣1分	
总分					

（2）项目评估与总结，填写程序与工艺评分表、安全文明生产评分表，汇总项目考核成绩。

程序与工艺评分表（20分）					
序号	考核项目	考核内容	配分	评分标准	得分
1	工艺制定	加工工艺制定合理	10	出错1次扣1分	
2	切削用量	切削用量选择合理	5	出错1次扣1分	
3	程序编制	程序正确、合理	5	出错1次扣1分	
总分					
安全文明生产评分表（20分）					
序号	项目	考核内容	配分	现场表现	得分
1	安全文明生产	正确使用机床	5		
2		正确使用刀、卡、量具	5		
3		工作场所6S	5		
4		设备维护和保养	5		
总分					
操作技能考核总成绩表					
序号	项目名称		配分	得分	备注
1	程序与工艺		20		
2	安全文明生产		20		
3	工件质量		40		
4	教师与学生评价		20		
总分			100		

模块四　数控铣削加工实训项目

项目一　数控铣床实训安全操作规程

班级		项目开展时间		项目指导教师	
姓名		项目实施地点		项目考核成绩	

一、项目目标

1. 能力目标

（1）能理解并熟记数控铣床安全操作规程，并能严格执行。

（2）能根据机床的保养要求正确维护和保养机床。

2. 学习目标

（1）学会数控机床的文明生产及安全操作规程。

（2）掌握操作数控铣床的注意事项。

（3）掌握数控铣床的维护和保养规程。

3. 素质目标

（1）在小组学习的过程中，具备发现和解决问题的能力。

（2）具有团队协作、提炼总结及科学合理制订和实施工作计划的能力。

（3）机床操作时应具备良好的心理素质和克服困难的能力。

（4）成果展示阶段，具有自我评价和创新的能力。

二、基础知识链接

1. 机床操作前的准备工作

（1）进入数控实训场地必须穿戴好规定的防护用品，机加工时不准戴手套，女同学必须戴安全帽，不准将头发留在外边，不准穿高跟鞋，不准戴首饰。

（2）工具、量具、工件、附件及其他物品应摆放整齐，按左、右手习惯放置，毛坯、零件摆放整齐，检查工具是否完好。

（3）机床周围环境应干净整洁、光线适宜，附近不能放置其他杂物，以免给操作带来不便，机床的运动部件上不能放置工件、工具等。

2. 机床操作的步骤及注意事项

（1）启动数控铣床系统前必须仔细检查以下各项。

①所有开关应处于非工作的安全位置。

②机床的润滑系统及冷却系统应处于良好的工作状态。

③检查工作台区域有无搁放其他杂物，确保运转畅通。

（2）打开数控铣床电器柜上的电器总开关，按下数控铣床控制面板上的"ON"按钮，启动数控系统，等自检完毕后进行数控铣床的强电复位。

（3）启动数控铣床后，应手动操作使数控铣床回参考点，首先返回 $+Z$ 方向，然后返回 $+X$ 和 $+Y$ 方向。

（4）程序输入前必须严格检查程序的格式、代码及参数选择是否正确，确认无误后方可进行输入操作。

（5）程序输入后必须首先进行加工轨迹的模拟显示，确定程序正确后方可进行加工操作；在操作过程中必须集中注意力，谨慎操作。在运行过程中一旦发生问题，应及时按下复位或紧急停止按钮。

（6）主轴启动前应注意检查以下各项：

①按照程序给定的坐标要求调整好刀具的工作位置，检查刀具是否拉紧、刀具旋转是否撞击工件等。

②禁止工件未压紧就启动数控铣床。

③调整好工作台的运行限位。

（7）操作数控铣床进行加工时应注意以下各项。

①操作过程中除进行背景编程及调整进给和主轴转速外不要进行其他操作，以免干扰机床运行。

②必须保持精力集中，发现异常要立即停车处理，以免损坏设备。

③装卸工件、刀具时，禁止用重物敲打机床部件。

④务必在机床停稳后再进行测量工件、检查刀具、安装工件等各项操作。

⑤严禁戴手套操作机床。

⑥操作者离开机床时必须停止机床的运转。

⑦手动操作时，在 X、Y 轴移动前，必须使 Z 轴处于较高位置，以免撞刀。

⑧更换刀具时应注意操作安全，在装入刀具时应将刀柄和刀具擦拭干净。

⑨操作过程中严禁打闹，以防发生安全事故。

⑩操作过程中要严格单人操作，严禁两人或两人以上同时操作机床。

⑪严禁任意修改、删除机床参数。

3. 操作完成后的注意事项

（1）工作结束后关闭机床，并切断机床电源，整理工作场地，收拾好刀具、附件和测量工具。

（2）使用专用工具将切屑清理干净，拆卸和搬运工件时避免将手划伤。

（3）进行日常维护、加注润滑油等。

（4）认真填写数控机床的工作日志，并做好交接工作，消除事故隐患。

4. 保养数控铣床

机床的常规保养见表 4 – 1。

表 4 – 1　机床的常规保养

序号	检查周期	检查部位	检查要求
1	每天	导轨润滑油箱	检查油量，及时添加润滑油；检查润滑液压泵是否定时启动及停止
2	每天	主轴润滑恒温油箱	工作是否正常，油量是否充足，温度范围是否合适
3	每天	机床液压系统	油箱有无异常噪声，工作油面高度是否合适，压力表指示是否正常，管路及各接头有无泄漏
4	每天	压缩空气气源压力	气动控制系统压力是否在正常范围之内
5	每天	X、Y、Z 轴导轨面	清除切屑和其他脏物，检查导轨面有无划伤损坏，润滑油是否充足
6	每天	各防护装置	机床防护罩是否齐全有效
7	每天	电器各散热通风装置	各电器柜中冷却风扇是否正常工作，风道过滤网有无堵塞，并及时清洗过滤口
8	每周	各电器柜过滤网	清洗黏附的尘土，清洗不净时要及时更换
9	不定期	冷却液箱	及时检查液面高度，及时添加、更换冷却液
10	不定期	排屑器	经常清理切屑，检查有无卡滞现象
11	半年	检查主轴驱动传动带	按说明书要求调整传动带松紧程度
12	半年	各轴导轨上镶条是否压紧液轮	按说明书要求检查
13	一年	检查和更换电动机电刷	检查换向器表面，除去毛刺，吹净碳粉，磨损过多的电刷应及时更换
14	一年	液压油路	清洗溢流阀、减压阀、滤油器，油箱要更换液压油
15	一年	主轴润滑恒温油箱	清洗过滤器、油箱，更换润滑油
16	一年	冷却油泵过滤器	清洗冷却油池，更换过滤器
17	一年	滚珠丝杠	清洗丝杠上旧的润滑脂，涂上新的润滑脂

三、回答下列问题

（1）机床操作前的准备工作有哪些？

（2）机床操作中应注意哪些问题？

（3）机床操作结束后应如何保养机床？

四、项目考核

教师按学生表现填写考核表。

考核总成绩表				
序号	项目名称	配分	得分	备注
1	知识掌握	50		
2	安全文明生产	20		
3	教师与学生评价	30		
	总分	100		

项目二　数控铣床操作面板

班级		项目开展时间		项目指导教师	
姓名		项目实施地点		项目考核成绩	

一、项目目标

1. 能力目标

（1）能正确地通过机床操作面板控制机床动作。

（2）能正确地使用数控操作面板编辑程序。

2. 知识目标

（1）了解 FANUC 0I MATE MD 系统机床数控操作面板组成。

（2）了解 FANUC 0I MATE MD 系统机床操作面板组成。

（3）能通过机床面板以手动方式操作机床工作台移动。

（4）能通过机床面板以手轮方式操作机床工作台移动。

（5）会通过机床面板进行返回参考点操作。

3. 素质目标

（1）在小组学习的过程中，具备发现和解决问题的能力。

（2）具有团队协作、提炼总结及科学合理制订和实施工作计划的能力。

（3）上机床操作应具备良好的心理素质和克服困难的能力。

（4）成果展示阶段，具有自我评价和创新的能力。

二、基础知识链接

1. 相关知识

（1）数控铣床操作面板。

了解 FANUC 0I MATE MD 数控系统 CY－KX650 型数控铣床的机床面板，如图 4－1 所示。

图 4－1　数控铣床

①FANUC 系统操作面板的组成。

FANUC 系统操作面板由 CRT 显示器、MDI 键盘和机床操作面板组成，如图 4－2 所示。

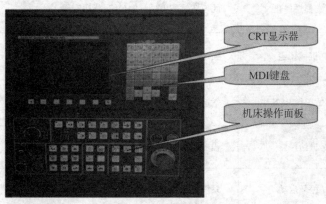

图 4－2　FANUC 系统操作面板

②数控铣床的操作面板。

数控铣床操作面板的详细情况如图4－3所示。控制面板上各键和按钮的功能如表4－2所示。

图4－3　数控铣床的操作面板

表4－2　数控铣床操作面板上键和按钮的功能

图　标	名　称	功　能
	自动运行 AUTO	此按钮被按下后，系统进入自动加工模式
	编辑 EDIT	此按钮被按下后，系统进入程序编辑状态
	MDI 手动数据输入	此按钮被按下后，系统进入 MDI 模式，手动输入并执行指令
	远程执行 DNC	此按钮被按下后，系统进入远程执行模式（即 DNC 模式），输入、输出资料
	单节	此按钮被按下后，运行程序时每次执行一条数控指令
	单节忽略	此按钮被按下后，数控程序中的注释符号"/"有效
	选择性停止	此按钮被按下后，"M01"代码有效
	机械锁定	锁定机床
	试运行 RUN	空运行
	进给保持	程序运行暂停，按"循环启动"按钮恢复运行
	循环启动	系统处于"自动运行"或 MDI 位置时按下，有效程序运行开始

续表

图标	名　称	功　能
⬤	回原点 REF	机床处于回零模式。机床必须首先执行回零操作，然后才可以运行
〰	手动 JOG	机床处于手动模式，连续移动工作台或者刀具
⊞	手动脉冲	手动脉冲，增量进给，可用于步进或者微调
⊙	手动脉冲	手轮方式移动工作台或刀具
▶	循环停止	程序运行停止，在程序运行中按下此按钮停止程序运行
⬤	急停按钮	按下急停按钮，机床移动立即停止，所有的输出都会关闭
◉	进给倍率	调节运行时的进给速度倍率

（2）数控铣床的启动和停止。

①电源的接通

a. 检查机床的初始状态，以及控制柜的前、后门是否关好。

b. 接通数控铣床外部电源开关。

c. 启动数控铣床的电源开关，此时面板上的"电源"指示灯亮。

d. 确定电源接通后，将操作面板上的急停按钮右旋弹起，按下操作面板上的"RESET"（机床复位）按钮，系统自检后 CRT 上出现位置显示画面，"准备好"指示灯亮。注意：在出现位置显示画面和报警画面之前，请不要接触 CRT/MDI 操作面板上的按键，以防引起意外。

e. 确认风扇电动机转动正常后开机结束。

②电源关断。

a. 确认操作面板上的循环启动指示灯已经关闭。

b. 确认机床的运动全部停止，按下操作面板上的"停止"按钮，"准备好"指示灯灭，CNC 系统电源被切断。

c. 切断机床的电源开关。

（3）机床回参考点。

控制机床运动的前提是建立机床坐标系，系统接通电源，超过行程报警解除、急停解除和复位后，首先应进行机床各轴回参考点操作。方法如下：按操作面板上的"回原点"按钮，确保系统处于"回零"模式；根据 Z 轴机床参数"回参考点方向"，按一下"＋Z"或"－Z"按键，Z 轴回到参考点，回参考点指示灯亮。用同样的方法使用"＋Y""－Y""＋X""－X"按键，可以使 X 轴、Y 轴、Z 轴回参考点。所有轴回参考点后，即建立了机床坐标系。

注意：

①回参考点时应确保安全，在机床运行方向上不会发生碰撞，一般应选择 Z 轴先回参考点，将刀具抬起。

②在每次电源接通后，必须先完成各轴的返回参考点操作，然后再进入其他运行方式，以确保各轴坐标的正确性。

③在回参考点的过程中，若出现超程，则手动反方向移动该轴，并按复位按钮，使其退出超程状态。

（4）手动操作。

①手动点动/连续进给操作。

选择"手动"模式，按下"手动轴选择"中"Z""X"或"Y"中的一个按键，然后按下"＋"或"－"键，注意工作台 Z 轴的升降。注意正、负方向，并调节"进给倍率"按键，以免碰撞。按下"快速"键，观察 Z 轴的升降速度。

②手动快速进给操作。

选择"手动"模式，按下"手动轴选择"中"Z""X"或"Y"中的一个按键，然后按下"＋"或"－"键，注意工作台 Z 轴的升降，以免碰撞。按下"快速"按键，Z、X 或 Y 轴做快速移动。

③手轮方式。

选择"手轮"模式，选择手动进给轴 X、Y 或 Z，由手轮轴倍率旋钮调节脉冲当量旋转手轮，可实现手轮连续进给移动。注意旋转方向，以免碰撞。

④机床锁住与 Z 轴锁住。

机床锁住与 Z 轴锁住由机床控制面板上的"机床锁住"与"Z 轴锁住"按钮完成。

a. 机床锁住。

在手动运行方式下，按"机床锁住"按钮，系统继续执行，显示屏上的坐标轴位置信息变化，但不输出伺服轴的移动指令，所以机床停止不动。

b. Z 轴锁住。

在手动运行开始前，按"Z 轴锁住"按钮，再手动移动 Z 轴，Z 轴坐标位置信息发生变化，但 Z 轴不运动，禁止进刀。

2. 任务实施

指导学生按照上面所学的操作知识操作机床运动，并跟随指导。

三、回答下列问题

（1）在何种情况可以使用急停开关？

（2）机床操作中应注意哪些问题？

（3）机床操作结束后应如何保养机床？

四、项目考核

教师按学生表现填写考核表。

考核总成绩表				
序号	项目名称	配分	得分	备注
1	知识掌握	50		
2	安全文明生产	20		
3	教师与学生评价	30		
	总分	100		

项目三 数控铣床对刀操作

班级		项目开展时间		项目指导教师	
姓名		项目实施地点		项目考核成绩	

一、项目目标

1. 能力目标

（1）能掌握偏心式寻边器和光电寻边器的使用方法。

（2）能正确使用工具进行机床对刀。

2. 知识目标

（1）学会偏心式寻边器的使用方法。

（2）学会光电式寻边器的使用方法。

（3）学会 Z 向对刀仪的使用方法。

3. 素质目标

(1) 在小组学习的过程中，具备发现和解决问题的能力。

(2) 具有团队协作、提炼总结、科学合理制订和实施工作计划的能力。

(3) 上机床操作应具备良好的心理素质和克服困难的能力。

(4) 成果展示阶段，具有自我评价和创新的能力。

二、基础知识链接

1. 制订任务计划

操作设备实行定人定机制，且分配机床以后专门负责本组机床，禁止串岗。在操作设备之前充分制订安全计划、熟悉操作规程、了解文明生产与保养要求。

2. 项目实施步骤

1) 相关知识

数控铣床的对刀。

零件加工前进行编程时，必须确定一个工件坐标系；而在数控铣床加工零件时，必须确定工件坐标系原点的机床坐标值，然后输入到机床坐标系设定页面相应的位置（G54 ~ G59）；要确定工件坐标系原点在机床坐标系之中的坐标值，必须通过对刀才能实现。常用的对刀方法有用铣刀直接对刀及寻边器对刀。寻边器的种类较多，有光电式和偏心式等。

数控铣床对刀的具体步骤如下：

(1) 装夹工件，装上刀具组或寻边器。

(2) 在手摇脉冲发生器方式分别进行坐标轴 X、Y、Z 轴的移动操作。在"坐标轴选择"旋钮中分别选取 X、Y、Z 轴，然后刀具逐渐靠近工件表面，直至接触。

(3) 进行必要的数值处理。

(4) 将工件坐标系原点在机床坐标系的坐标值设定到 G54 ~ G59、G54.1 ~ G54.48 存储地址的任一工件坐标系中。

(5) 对刀正确性的验证。如在 MDI 方式下运行"G54 G01 X0 Y0 Z10 F1000；"。

数控铣对刀
操作视频

偏心式寻边器对刀的方法和 Z 轴设定仪对刀的方法及步骤分别见表 4 – 3 和表 4 – 4。

表 4 – 3   偏心式寻边器对刀的方法及步骤

步骤	内　容	图　例
1	将偏心式寻边器用刀柄装到主轴上	

步骤	内　容	图　例
2	用 MDI 方式启动主轴，转速一般为 300 ~ 500 r/min	
3	在手轮方式下启动主轴正转，在 X 方向手动控制机床的坐标移动，使偏心式寻边器接近工件被测表面并缓慢与其接触	
4	进一步仔细调整位置，直到偏心式寻边器上下两部分同轴	
5	计算此时的坐标值［被测表面的 X、Y 值为当前的主轴坐标值加（或减）圆柱的半径］	
6	计算要设定的工件坐标系原点在机床坐标系的坐标值并输入到 G54 ~ G59、G54.1 ~ G54.48 任一存储地址中；也可以保持当前刀具位置不动，输入刀具在工件坐标系中的坐标值，如输入"X30"，再按面板上的"测量"键，系统会自动计算坐标并弹到所选的 G54 ~ G59、G54.1 ~ G54.48 存储地址中	
7	其他被测表面和 X 轴的操作相同	
8	对刀正确性的验证。如在 MDI 方式下运行"G54 G01 X0 Y0 Z10 F1000；"	

表 4 - 4　Z 轴设定仪对刀的方法及步骤

步骤	内　容	图　例
1	将刀具用刀柄装到主轴上，将 Z 轴设定仪附着在已经装夹好的工件或夹具平面上	
2	快速移动刀具和工作台，使刀具端面接近 Z 轴设定仪的上表面	

步骤	内 容	图 例
3	在手轮方式下使刀具端面缓慢接触 Z 轴设定仪的上表面，直到 Z 轴设定仪发光或指针指示到零位	
4	记录此时机床坐标系的 Z 坐标值，计算要设定的工件坐标系原点的 Z 轴在机床坐标系的坐标值	
5	将工件坐标系原点在机床坐标系 Z 轴的坐标值输入到 G54～G59、G54.1～G54.48 任一存储地址的"Z"中；也可以保持当前刀具位置不动，输入刀具在工件坐标系中的坐标值，如输入"Z20"，再按面板上的"测量"键，系统会自动计算坐标并弹到所选的 G54～G59、G54.1～G54.48 存储地址中	
6	对刀正确性的验证。如在 MDI 方式下运行"G54 G01 Z10 F1000;"	

2. 任务实施

指导学生使用偏心式寻边器、光电式寻边器及 Z 轴对刀仪进行对刀训练并随时指导。

三、回答下列问题

（1）Z 向对刀应使用什么工具？

（2）在对刀过程中应使用手动方式还是手轮方式？为什么？

（3）对刀参数应输入到机床的哪个位置？

四、项目考核

教师按学生表现填写考核表。

考核总成绩表				
序号	项目名称	配分	得分	备注
1	知识掌握	50		
2	安全文明生产	20		
3	教师与学生评价	30		
	总分	100		

项目四 平面图形零件的数控铣削加工

班级		项目开展时间		项目指导教师	
姓名		项目实施地点		项目考核成绩	

一、实训目标

1. 能力目标

（1）会编制平面图形类零件的加工程序。

（2）能操作数控铣床完成项目零件的加工。

（3）具备数控机床基本维护与保养的能力。

2. 知识目标

（1）掌握程序段的组成格式。

（2）掌握 G00/G01/G02/G03 等编程指令。

（3）掌握切削三要素及其参数的合理选用。

（4）掌握工件坐标系建立原则。

3. 素质目标

（1）在小组学习的过程中，具备发现和解决问题的能力。

（2）具有团队协作、提炼总结及科学合理制订和实施工作计划的能力。

（3）上机床操作应具备良好的心理素质和克服困难的能力。

（4）成果展示阶段，具有自我评价和创新的能力。

二、实训项目

如图 4 - 4 所示平面图形零件，毛坯材料为铝合金，六面已经加工过，尺寸为 85 mm × 85 mm × 35 mm，24 mm 尺寸允许偏差为 ± 0.1 mm，要求用 G00/G01/G02/G03 指令编写平面图形加工程序，并在数控铣床上加工出合格零件。

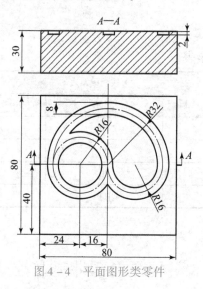

工件实体图形

工件实操视频

图 4 - 4　平面图形类零件

三、项目实施

（1）分析加工工艺，填写工艺卡。

序号	工步	主轴转速	进给速度	背吃刀量	刀具	夹具	工时

（2）编制加工程序，填写程序单。

续表

（3）操作数控铣床，实施零件加工，做好加工记录。

①G00、G01、G02、G03 指令的格式是什么？

②铣床的坐标系是怎么规定的？机床回参考点时有哪些注意事项？

③如何正确建立工件坐标系？

④以小组为单位设计具有创意的二维图形，并编程加工。

四、项目考核

（1）零件验收与评估，填写工件质量评分表。

工件质量评分表（40 分）					
序号	考核项目	考核内容及要求	配分	评分标准	得分
1	24 mm	±0.1 mm	5	不合格不得分	
2	$R16$ mm（2 处）	样板检测	10	不合格 1 处扣 5 分	
3	$R32$ mm	样板检测	5	不合格不得分	
4	形状完整性	教师评价	10	按实际情况扣分	
5	路线合理性	教师评价	10	按实际情况扣分	
总分					

（2）项目评估与总结，填写程序与工艺评分表、安全文明生产评分表，汇总项目考核成绩。

程序与工艺评分表（20 分）					
序号	考核项目	考核内容	配分	评分标准	得分
1	工艺制定	加工工艺制定合理	10	出错 1 次扣 1 分	
2	切削用量	切削用量选择合理	5	出错 1 次扣 1 分	
3	程序编制	程序正确、合理	5	出错 1 次扣 1 分	
总分					

安全文明生产评分表（20 分）					
序号	项目	考核内容	配分	现场表现	得分
1	安全文明生产	正确使用机床	5		
2		正确使用刀、卡、量具	5		
3		工作场所 6S	5		
4		设备维护和保养	5		
总分					

操作技能考核总成绩表				
序号	项目名称	配分	得分	备注
1	程序与工艺	20		
2	安全文明生产	20		
3	工件质量	40		
4	教师与学生评价	20		
总分		100		

项目五 平面外轮廓类零件的数控铣削加工

班级		项目开展时间		项目指导教师	
姓名		项目实施地点		项目考核成绩	

一、实训目标

1. 能力目标

(1) 会编制平面外轮廓类零件的加工程序。

(2) 学会分析平面外轮廓零件的加工工艺。

(3) 能操作数控铣床完成项目零件的加工。

(4) 能正确保证零件的尺寸公差、几何公差等要求。

2. 知识目标

(1) 掌握平面外轮廓类零件的加工工艺。

(2) 掌握刀补指令 G41、G42 的编程和应用。

(3) 掌握零件的相关测量技术。

3. 素质目标

(1) 在小组学习的过程中，具备发现和解决问题的能力。

(2) 具有团队协作、提炼总结及科学合理制订和实施工作计划的能力。

(3) 上机床操作应具备良好的心理素质和克服困难的能力。

(4) 成果展示阶段，具有自我评价和创新的能力。

二、实训项目

如图 4-5 所示平面外轮廓类零件，材料为 45 钢，毛坯为 110 mm × 110 mm × 35 mm，要求用刀具半径补偿指令 G41 或 G42 编制零件的数控粗、精加工程序，并在数控机床上加工零件。

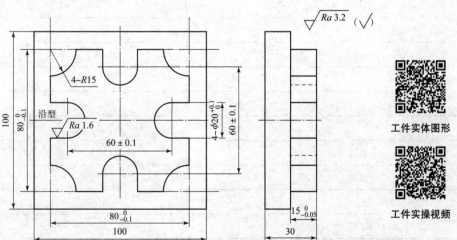

图 4-5 平面外轮廓类零件

三、项目实施

（1）分析加工工艺，填写工艺卡。

序号	工步	主轴转速	进给速度	背吃刀量	刀具	夹具	工时

（2）编制加工程序，填写程序单。

（3）操作数控铣床，实施零件加工，做好加工记录。

①零件加工前要做哪些准备工作？

②刀具半径左补偿和右补偿及刀具长度补偿的区别是什么？

③建立工件坐标系的原则是什么？

四、项目考核

（1）零件验收与评估，填写工件质量评分表。

工件质量评分表（40分）					
序号	考核项目	考核内容及要求	配分	评分标准	得分
1	80 mm（2处）	$^{0}_{-0.1}$ mm	10	不合格1处扣5分	
2	60 mm（2处）	±0.1 mm	10	不合格1处扣5分	
3	φ20 mm（4处）	$^{+0.1}_{0}$ mm	12	不合格1处扣3分	
4	15 mm（4处）	$^{0}_{-0.05}$ mm	4	不合格1处扣1分	
5	表面粗糙度	$Ra3.2$ μm，$Ra1.6$ μm，样板检测	4	不合格1处扣2分	
总分					

（2）项目评估与总结，填写程序与工艺评分表、安全文明生产评分表，汇总项目考核成绩。

程序与工艺评分表（20分）					
序号	考核项目	考核内容	配分	评分标准	得分
1	工艺制定	加工工艺制定合理	10	出错1次扣1分	
2	切削用量	切削用量选择合理	5	出错1次扣1分	
3	程序编制	程序正确、合理	5	出错1次扣1分	
总分					

续表

安全文明生产评分表（20 分）					
序号	项目	考核内容	配分	现场表现	得分
1	安全文明生产	正确使用机床	5		
2		正确使用刀、卡、量具	5		
3		工作场所 6S	5		
4		设备维护和保养	5		
总分					

操作技能考核总成绩表				
序号	项目名称	配分	得分	备注
1	程序与工艺	20		
2	安全文明生产	20		
3	工件质量	40		
4	教师与学生评价	20		
总分		100		

项目六　平面内轮廓零件的数控铣削加工

班级		项目开展时间		项目指导教师	
姓名		项目实施地点		项目考核成绩	

一、实训目标

1. 能力目标

（1）会编制平面内轮廓类零件的加工程序。

（2）学会分析平面内轮廓零件的加工工艺。

（3）能操作数控铣床完成项目零件的加工。

（4）能正确保证零件的尺寸公差和几何公差等要求。

2. 知识目标

（1）掌握平面内轮廓类零件的加工工艺。

（2）掌握内型腔加工的进刀方法。

（3）熟练掌握刀具半径补偿功能。

3. 素质目标

（1）在小组学习的过程中，具备发现和解决问题的能力。

（2）具有团队协作、提炼总结及科学合理制订和实施工作计划的能力。

（3）上机床操作应具备良好的心理素质和克服困难的能力。

（4）成果展示阶段，具有自我评价和创新的能力。

二、实训项目

如图 4-6 所示平面内轮廓类零件，材料为 45 钢，未注长度尺寸允许偏差为 ±0.1 mm，毛坯为 110 mm×110 mm×25 mm，要求用刀具半径补偿指令 G41 或 G42 编制零件的数控粗、精加工程序，并在数控铣床上加工零件。

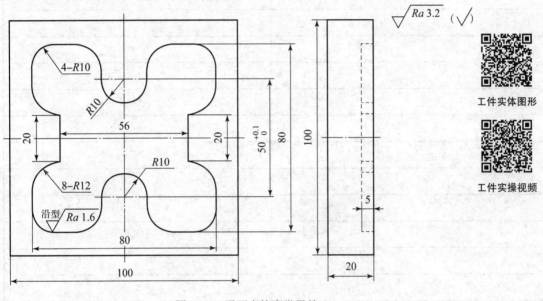

图 4-6　平面内轮廓类零件

三、项目实施

（1）分析加工工艺，填写工艺卡。

序号	工步	主轴转速	进给速度	背吃刀量	刀具	夹具	工时

（2）编制加工程序，填写程序单。

（3）操作数控铣床，实施零件加工，做好加工记录。

①零件加工前要做哪些准备工作？

②在操作数控铣床完成零件加工时出现了哪些问题？这些问题是如何解决的？

③如何在机床上建立工件坐标系？

④内型腔加工在工艺上有什么要求？

四、项目考核

（1）零件验收与评估，填写工件质量评分表。

工件质量评分表（40分）					
序号	考核项目	考核内容及要求	配分	评分标准	得分
1	80 mm（2处）	±0.1 mm	6	不合格不得分	
2	4 – R10 mm		6	不合格1处扣1分	
3	8 – R12 mm		8	不合格1处扣1分	
4	20 mm（2处）	±0.1 mm	4	不合格1处扣2分	
5	50 mm	$^{+0.1}_{0}$ mm	4	不合格不得分	
6	56 mm	±0.1 mm	3	不合格不得分	
7	5 mm	±0.1 mm	3	不合格不得分	
8	表面粗糙度	Ra1.6 μm，Ra3.2 μm，样板检测	6	不合格1处扣2分	
总分					

（2）项目评估与总结，填写程序与工艺评分表、安全文明生产评分表，汇总项目考核成绩。

程序与工艺评分表（20分）					
序号	考核项目	考核内容	配分	评分标准	得分
1	工艺制定	加工工艺制定合理	10	出错1次扣1分	
2	切削用量	切削用量选择合理	5	出错1次扣1分	
3	程序编制	程序正确、合理	5	出错1次扣1分	
总分					

续表

安全文明生产评分表（20分）					
序号	项目	考核内容	配分	现场表现	得分
1	安全文明生产	正确使用机床	5		
2		正确使用刀、卡、量具	5		
3		工作场所6S	5		
4		设备维护和保养	5		
总分					

操作技能考核总成绩表				
序号	项目名称	配分	得分	备注
1	程序与工艺	20		
2	安全文明生产	20		
3	工件质量	40		
4	教师与学生评价	20		
总分		100		

项目七　孔及外轮廓零件的数控铣削加工

班级		项目开展时间		项目指导教师	
姓名		项目实施地点		项目考核成绩	

一、实训目标

1. 能力目标

（1）会编制孔类零件的加工程序。

（2）学会分析孔（通孔及盲孔）的加工工艺。

（3）能操作数控铣床完成项目零件的加工。

（4）能正确保证零件的尺寸公差和几何公差等要求。

2. 知识目标

（1）掌握孔类零件的加工工艺。

（2）掌握 G81、G73 孔加工指令的编程方法。

（3）掌握 G98、G99 的使用场合。

（4）掌握孔类零件的测量方法。

3. 素质目标

（1）在小组学习的过程中，具备发现和解决问题的能力。

（2）具有团队协作、提炼总结及科学合理制订和实施工作计划的能力。

（3）上机床操作应具备良好的心理素质和克服困难的能力。

（4）成果展示阶段，具有自我评价和创新的能力。

二、实训项目

如图 4-7 所示孔及外轮廓类零件，材料为 45 钢，毛坯为 110 mm×110 mm×25 mm，要求用孔加工指令 G81、G73 编制零件的数控加工程序，并在数控铣床上加工零件。

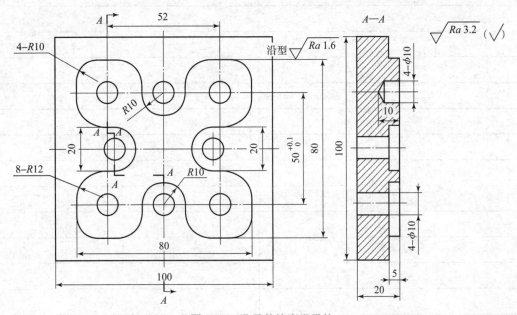

图 4-7　孔及外轮廓类零件

三、项目实施

工件实体图形　　工件实操视频

（1）分析加工工艺，填写工艺卡。

序号	工步	主轴转速	进给速度	背吃刀量	刀具	夹具	工时

（2）编制加工程序，填写程序单。

（3）操作数控铣床，实施零件加工，做好加工记录。

①在操作数控铣床完成零件加工时出现了哪些问题？这些问题是如何解决的？

②G81、G73 指令的格式是什么？分别适用于什么场合？

③G98、G99 指令的区别在哪里？分别适用于什么场合？

④加工通孔时主要有哪些注意事项。

四、项目考核

（1）零件验收与评估，填写工件质量评分表。

工件质量评分表（40分）					
序号	考核项目	考核内容及要求	配分	评分标准	得分
1	4 – ϕ10 mm 盲孔		12	不合格 1 处扣 3 分	
2	4 – ϕ10 mm 通孔		12	不合格 1 处扣 3 分	
3	10 mm 深度（4 处）		8	不合格 1 处扣 2 分	
4	工序合理性		5	按情况扣分	
5	表面粗糙度	Ra1.6 μm, Ra3.2 μm, 样板检测	3	不合格 1 处扣 1 分	
总分					

（2）项目评估与总结，填写程序与工艺评分表、安全文明生产评分表，汇总项目考核成绩。

程序与工艺评分表（20分）					
序号	考核项目	考核内容	配分	评分标准	得分
1	工艺制定	加工工艺制定合理	10	出错 1 次扣 1 分	
2	切削用量	切削用量选择合理	5	出错 1 次扣 1 分	
3	程序编制	程序正确、合理	5	出错 1 次扣 1 分	
总分					

安全文明生产评分表（20分）					
序号	项目	考核内容	配分	现场表现	得分
1	安全文明生产	正确使用机床	5		
2		正确使用刀、卡、量具	5		
3		工作场所 6S	5		
4		设备维护和保养	5		
总分					

续表

操作技能考核总成绩表				
序号	项目名称	配分	得分	备注
1	程序与工艺	20		
2	安全文明生产	20		
3	工件质量	40		
4	教师与学生评价	20		
	总分	100		

项目八 综合件的数控铣削加工

班级		项目开展时间		项目指导教师	
姓名		项目实施地点		项目考核成绩	

一、实训目标

1. 能力目标

(1) 会编制综合类零件的加工程序。

(2) 学会分析综合件的加工工艺。

(3) 能操作数控铣床完成项目零件的加工。

(4) 能正确保证零件的尺寸公差和几何公差等要求。

2. 知识目标

(1) 掌握综合类零件的加工工艺。

(2) 掌握综合类零件尺寸的保证方法。

3. 素质目标

(1) 在小组学习的过程中,具备发现和解决问题的能力。

(2) 具有团队协作、提炼总结及科学合理制订和实施工作计划的能力。

(3) 上机床操作应具备良好的心理素质和克服困难的能力。

(4) 成果展示阶段,具有自我评价和创新的能力。

二、实训项目

如图 4 - 8 所示综合加工零件,材料为 45 钢,毛坯为 110 mm × 110 mm × 25 mm,要求编制零件的数控加工程序,并在数控铣床上完成零件加工。

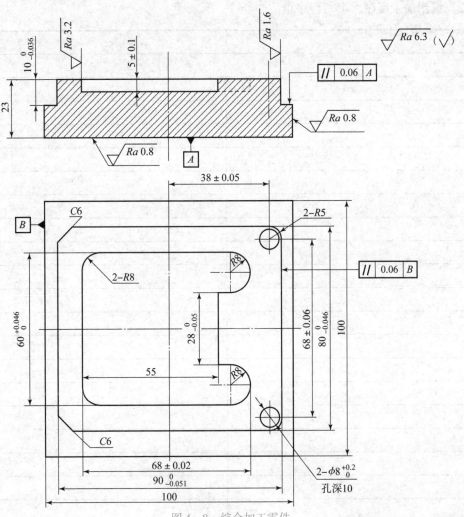

图4-8 综合加工零件

工件实体图形　　工件实操视频

三、项目实施

（1）分析加工工艺，填写工艺卡。

序号	工步	主轴转速	进给速度	背吃刀量	刀具	夹具	工时

（2）编制加工程序，填写程序单。

（3）操作数控铣床，实施零件加工，做好加工记录。

①在操作数控铣床完成零件加工时出现了哪些问题？这些问题是如何解决的？

②综合件的数控铣削加工工艺有哪些？

四、项目考核

（1）零件验收与评估，填写工件质量评分表。

序号	考核项目	考核内容及要求	配分	评分标准	得分
工件质量评分表（40分）					
1	90 mm	$^{\ 0}_{-0.051}$ mm	2		
2	80 mm	$^{\ 0}_{-0.046}$ mm	2		
3	68 mm	±0.02 mm	2		
4	68 mm	±0.06 mm	2		
5	$2-\phi 8$ mm	$^{+0.2}_{\ 0}$ mm	2		
6	28 mm	$^{\ 0}_{-0.05}$ mm	2		
7	60 mm	$^{+0.046}_{\ 0}$ mm	2		
8	38 mm	±0.05 mm	2		
9	$2-R5$ mm	样板检测	2		
10	$2-R8$ mm（2处）	样板检测	2		
11	$2-R8$ mm（圆角）	样板检测	2		
12	55 mm		2		
13	$C6$ 倒角（2处）		2		
14	平行度 A	0.06 mm	2		
15	平行度 B	0.06 mm	2		
16	10 mm	$^{\ 0}_{-0.036}$ mm	2		
17	5 mm	±0.1 mm	2		
18	表面粗糙度	$Ra0.8$ μm，$Ra1.6$ μm，$Ra3.2$ μm，$Ra6.3$ μm	6		
总分					

（2）项目评估与总结，填写程序与工艺评分表、安全文明生产评分表，汇总项目考核成绩。

序号	考核项目	考核内容	配分	评分标准	得分
程序与工艺评分表（20分）					
1	工艺制定	加工工艺制定合理	10	出错1次扣1分	
2	切削用量	切削用量选择合理	5	出错1次扣1分	
3	程序编制	程序正确、合理	5	出错1次扣1分	
总分					

续表

安全文明生产评分表（20分）					
序号	项目	考核内容	配分	现场表现	得分
1	安全文明生产	正确使用机床	5		
2		正确使用刀、卡、量具	5		
3		工作场所 6S	5		
4		设备维护和保养	5		
总分					

操作技能考核总成绩表				
序号	项目名称	配分	得分	备注
1	程序与工艺	20		
2	安全文明生产	20		
3	工件质量	40		
4	教师与学生评价	20		
总分		100		

模块五　Mold Wizard模具设计实训项目

项目一　Mold Wizard 功能

班级		项目开展时间		项目指导教师	
姓名		项目实施地点		项目考核成绩	

一、实训目标

1. 能力目标

（1）掌握 Mold Wizard 基本功能。

（2）根据实际情况完成全自动分模或半自动分模。

2. 知识目标

（1）了解 Mold Wizard 操作界面。

（2）掌握 Mold Wizard 分模原理和方法。

3. 素质目标

（1）在小组学习的过程中，具备发现和解决问题的能力。

（2）具有团队协作、提炼总结及科学合理制订和实施工作计划的能力。

（3）具有勤学苦练的精神，养成遵纪守规、安全文明生产的职业习惯。

（4）具有进行自我剖析和自我检查的能力。

二、实训项目

完成图 5-1 和图 5-2 的分模工作。

图 5-1　项目零件一

图 5-2　项目零件二

1. Mold Wizard 简介

Mold Wizard 作为一个模块被集成在 UG NX 软件中。Mold Wizard 模块是针对模具设计的专业模块，并且此模块中配有常用的模架库和标准件库，用户可以方便地在模具设计过程中调用。标准件的调用非常简单，只要用户设置好相关标准件的参数和定位点，软件就会自动将标准件加载到模具中，在很大程度上提高了模具的设计效率。值得一提的是 Mold Wizard 还具有强大的电极设计功能，用户也可以通过它快速地进行电极设计。可以说 Mold Wizard 在 UG NX 中是一个具有强大模具设计功能的模块。

说明：虽然在 UG NX 中集成了注塑模具设计向导模块，但是不能直接用它来设计模架和标准件，读者需要安装 Mold Wizard，并且要安装到 UG NX 目录下才能使用。

模具设计工作界面包括标题栏、下拉菜单区、顶部工具条按钮区、资源工具条区、装配导航器区、图形区、底部工具栏区以及消息区，如图 5-3 所示。

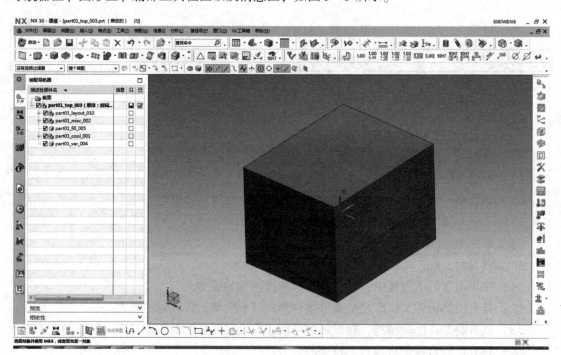

图 5-3　UG NX10.0/Mold Wizard 模具设计工作界面

2. 工具条按钮及功能

工具条中的命令按钮为快速选择命令及设置工作环境提供了极大的方便，用户可以根据具体情况定制工具条。图 5-4 所示为"注塑模向导"工具条。

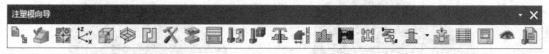

图 5-4　"注塑模向导"工具条

（1）初始化项目：此命令用来导入模具零件，是模具设计的第一步，导入零件后，系统将生成用于存放布局、型芯和型腔等信息的一系列文件。

（2）模具部件验证：此命令用于验证喷射产品模型和模具设计详细信息。

（3）多腔模设计：此命令用于一模多腔（不同零件）的设计，可在一副模具中生成多个不相同的塑件。

（4）模具 CSYS：此命令用来指定（锁定）模具的开模方向。

（5）收缩率：此命令用来设定一个因冷却产生收缩的比例因子。一般情况下，在设计模具时要把制品的收缩补偿到模具中，模具的尺寸为实际尺寸加上收缩尺寸。

（6）工件：此命令可以定义用来生成模具型腔和型芯的工件（毛坯），并与模架相连接。

（7）型腔布局：此命令用于完成产品模型在型腔中的布局。当产品需要多腔设计时，可以利用此命令。

（8）注塑模工具：此命令可以启动"注塑模工具"工具条（图 5 - 5），主要用来修补零件中的孔、槽以及修补块，目的是做出一个 UG 能够识别的分型面。

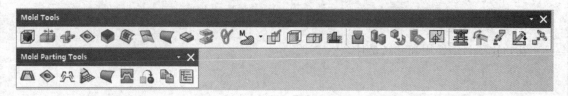

图 5 - 5　"注塑模工具"工具条

（9）模具分型工具：此命令用于模具的分型。分型的过程包括创建分型线、分型面以及生成型芯和型腔等。

（10）模架库：此命令用于加载模架。在 Mold Wizard 中，模架都是标准的，标准模架是由结构、尺寸和形式都标准化及系统化，并有一定互换性的零件成套组合而成的。

（11）标准件库：此命令用于调用 Mold Wizard 中的标准件，包括螺钉、定位圈、浇口套、推杆、推管、回程杆以及导向机构等。

（12）顶杆后处理：此命令用于完成推杆件长度的延伸和头部的修剪。

（13）滑块和浮升销库：当零件上存在侧向（相对于模具的开模方向）凸出或凹进的特征时，一般正常的开模动作不能顺利地分离这样的塑件，这时往往要在这些部位创建滑块或浮升销，使模具能顺利开模。

（14）子镶块库：此命令用于在模具上添加镶块。镶块是考虑到加工或模具强度时才添加的。模具上常有些特征是形状简单但比较细长的，或处于难以加工的位置，这时就需要添加镶块。

（15）浇口库：此命令用于创建模具浇口。浇口是液态塑料从流道进入模腔的入口，浇口的选择和设计会直接影响塑件的成型，同时浇口的数量与位置也对塑件的质量和后续加工有直接影响。

（16）流道：此命令用于创建模具流道。流道是浇道末端到浇口的流动通道，用户可以综合考虑塑料成型特性、塑件大小和形状等因素，最后确定流道形状及尺寸。

（17）模具冷却工具：此命令用于创建模具中的冷却系统。模具温度的控制是靠冷却系统实现的，模具温度会直接影响制品的收缩率、表面光泽度、内应力以及注塑周期等，对模具温度进行有效控制是提高产品质量及生产效率的一个有效途径。

（18）修边模具组件：此命令用于修剪模具型芯或型腔上多余的部分，以获得所需的轮廓外形（包括对浮升销、标准件及电极的修剪）。

（19）腔体：此命令用于在模具中创建空腔。使用此命令时，选定零件会自动切除标准件部分，并保持尺寸及形状与标准件的相关性。

（20）物料清单：利用此命令可以创建模具项目的物料清单（明细表）。此物料清单是基于模具装配状态产生的、与装配信息相关的模具部件列表，并且此清单上显示的项目可以由用户选择定制。

（21）模具图纸工具：用于创建和管理模具图纸。

（22）视图管理器：利用此命令可以控制模具装配组件的显示（可见性和颜色等）。

（23）概念设计：此命令可以按照已定义的信息配置并安装模架和标准件。

三、项目实施

1. 初始化项目

初始化项目的作用和意义是什么？

2. 模具坐标系设定

模具坐标系关系到什么？

3. 设置收缩率

收缩率一定要在收缩率模块下设定吗？

4. 创建模具工件

如何更改模具工件的尺寸？

5. 注塑模工具

注塑模工具包含哪些子命令?

6. 分型工具

分型工具包含哪些子命令?

四、项目考核

教师按学生表现填写考核表。

考核总成绩表				
序号	项目名称	配分	得分	备注
1	学习态度	20		
2	学习效果	40		
3	教师与学生评价	40		
	总分	100		

项目二 Mold Wizard 应用实例

班级		项目开展时间		项目指导教师	
姓名		项目实施地点		项目考核成绩	

一、实训目标

1. 能力目标

(1) 使用 Mold Wizard 完成较复杂零件的分模。

(2) 能够正确地选用并加载模架。

(3) 能够合理地选用和修改模架参数。

2. 知识目标

（1）掌握较复杂零件的分模方法。

（2）掌握标准模架选用的原理和方法。

（3）掌握标准模架的参数设计方法。

3. 素质目标

（1）在小组学习的过程中，具备发现和解决问题的能力。

（2）具有团队协作、提炼总结及科学合理制订和实施工作计划的能力。

（3）具有勤学苦练的精神，养成遵纪守规、安全文明生产的职业习惯。

（4）具有进行自我剖析和自我检查的能力。

二、实训项目

完成如图 5 - 6 所示壳体的分模和模架的加载工作。

图 5 - 6 壳体

1. 设计流程

（1）加载模型。

（2）设定模具坐标系。

（3）设置收缩率。

（4）创建模具工件。

（5）创建型腔布局。

（6）创建设计区域。

（7）曲面补片。

（8）创建型腔、型芯区域及分型线。

（9）编辑分型段。

（10）创建分型面。

（11）创建型腔和型芯。

（12）创建滑块。

（13）模架的加载和编辑。

三、项目实施

1. 复杂工件的分模
谈谈复杂工件分模的心得。

2. 标准模架的加载
为什么要使用标准模架？

3. 模架参数的设置
谈谈在标准模架参数设置中遇到的问题。

四、项目考核

教师按学生表现填写考核表。

考核总成绩表				
序号	项目名称	配分	得分	备注
1	学习态度	20		
2	学习效果	40		
3	教师与学生评价	40		
	总分	100		

模块六　数控维修实训项目

项目一　数控机床的构造

班级		项目开展时间		项目指导教师	
姓名		项目实施地点		项目考核成绩	

一、实训目标

1. 能力目标

（1）认识数控机床（数控铣、数控车）。

（2）认识数控机床的组成（机械部分、电气部分）。

（3）认识数控机床的机械功能部件（主轴、滚珠丝杠、导轨、刀架、刀库）。

2. 知识目标

（1）掌握数控机床的类型和特点。

（2）掌握数控机床组成部分的功能和作用。

（3）掌握数控机床主要机械功能部件的功能及作用。

3. 素质目标

（1）在小组学习的过程中，具备发现和解决问题的能力。

（2）具有团队协作及科学合理制订和实施工作计划的能力。

（3）上机床操作应具备良好的心理素质和克服困难的能力。

（4）成果展示阶段，具有自我评价和创新的能力。

二、实训项目

1. 数控机床分类

按照机床主轴的方向分类，数控机床可分为卧式数控机床（主轴位于水平方向）和立式数控机床（主轴位于垂直方向）。

按照加工用途分类，数控机床主要有以下几种类型。

1）数控铣床

用于完成铣削加工或镗削加工的数控机床称为数控铣床。图6-1所示为立式数控铣床。

2）加工中心

加工中心是指带有刀库（带有回转刀架的数控车床除外）和自动换刀装置（Automatic Tool Changer，ATC）的数控机床。通常所指的加工中心是指带有刀库和刀具自动交换装置的数控铣床。图6-2所示为DMG五轴立式加工中心。

图6-1　立式数控铣床　　　　　　　　　图6-2　DMG 五轴立式加工中心

3）数控车床

数控车床是用于完成车削加工的数控机床，通常情况下也将以车削加工为主并辅以铣削加工的数控车削中心归类为数控车床。图6-3所示为卧式数控车床。

4）数控钻床

数控钻床主要用于完成钻孔、攻螺纹等加工，有时也可完成简单的铣削加工。数控钻床是一种采用点位控制系统的数控机床，即控制刀具从一点到另一点的位置，而不控制刀具的移动轨迹。图6-4所示为立式数控钻床。

图6-3　卧式数控车床　　　　　　　　　图6-4　立式数控钻床

5）数控电火花成形机床

数控电火花成形机床（即电脉冲机床）是一种特种加工机床，它利用两个不同极性的电极在绝缘液体中产生的电腐蚀来对工件进行加工，以达到一定的形状、尺寸和表面粗糙度要求，对于形状复杂及难加工材料模具的加工有其特殊优势。数控电火花成形机床如图6-5所示。

6）数控线切割机床

数控线切割机床工作原理与数控电火花成形机床相同，但其电极是电极丝（钼丝、铜丝等）和工件，如图6-6所示。

图 6-5 数控电火花成形机床 　　　　　　图 6-6 数控线切割机床

7）其他数控机床

数控机床除以上的几种常见类型外，还有数控磨床、数控冲床、数控激光加工机床、数控超声波加工机床等多种形式。

三、项目实施

1. 数控机床组成

立式数控铣床及卧式加工中心的外观及结构分别如图 6-7 和图 6-8 所示。数控机床总体上由以下几部分组成：

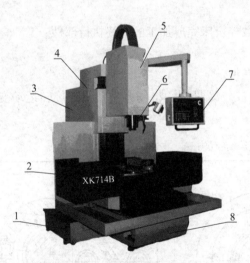

图 6-7 立式数控铣床外观及结构 　　　　　　图 6-8 卧式加工中心外观及结构

1—冷却液箱；2—工作台；3—电气柜；4—立柱；　　1—伺服电动机；2—刀库及换刀装置；3—主轴；

5—主轴箱；6—主轴；7—控制面板；8—床身　　　　4—导轨；5—工作台；6—床身；7—数控系统

1）输入/输出装置

输入装置的作用是将数控加工信息读入数控系统的内存中存储。常用的输入方式有手动输入（MDI）方式及远程通信方式等。输出装置的作用是为操作人员提供必要的信息，如各种故障信息和操作提示等。常用的输出装置有显示器和打印机等。

2）数控系统

数控系统是数控机床实现自动加工的核心单元，它能够对数控加工信息进行数据运算处理，然后输出控制信号控制各坐标轴移动，从而使数控机床完成加工任务。数控系统通常由硬件和软件组成。目前的数控系统普遍采用通用计算机作为主要的硬件部分；而软件部分主要是指主控制系统软件，如数据运算处理控制和时序逻辑控制等。数控加工程序通过数控运算处理后，输出控制信号控制各坐标轴移动；而时序逻辑控制主要是由可编程控制器（PLC）协调加工中的各个动作，使数控机床有序工作的。

3）伺服系统

伺服系统是数控系统和机床本体之间的传动环节，它主要接收来自数控系统的控制信息，并将其转换成相应坐标轴的进给运动和定位运动，伺服系统的精度和动态响应特性将直接影响机床本体的生产率、加工精度和表面质量。伺服系统主要包括主轴伺服和进给伺服两大单元。伺服系统的执行元件有功率步进电动机、直流伺服电动机和交流伺服电动机。

4）辅助控制装置

辅助控制装置是保证数控机床正常运行的重要组成部分，它的主要作用是完成数控系统和机床之间的信号传递，从而保证数控机床的协调运动和加工的有序进行。

5）反馈系统

反馈系统的主要任务是对数控机床的运动状态进行实时检测，并将检测结果转换成数控系统能识别的信号，以便于数控系统能及时根据加工状态进行调整、补偿，保证加工质量。数控机床的反馈系统主要由速度反馈和位置反馈组成。

6）机床本体

机床本体是数控机床的机械结构部分，是数控机床完成加工的最终执行部件。

2. 数控机床驱动形式

数控机床进给传动系统的基本形式主要有三种：

（1）通过丝杠（通常为滚珠丝杠或静压丝杠）螺母副，将伺服电动机的旋转运动变成直线运动，见表6-1。

表6-1 滚珠丝杠传动方式

滚珠丝杠螺母副结构原理图	滚珠丝杠螺母副循环原理图——外循环方式
1—内滚道；2—外滚道	1—回珠槽；2—螺钉；3—挡珠器

续表

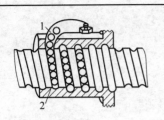	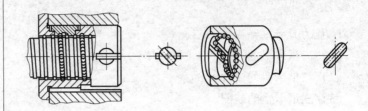
滚珠丝杠螺母副结构原理图 1—内滚道；2—外滚道	滚珠丝杠螺母副循环原理图——内循环方式

进给丝杠螺母副驱动原理：当丝杠螺母相对运动时，滚珠在内、外弧螺纹形的滚道内滚动，为保持丝杠螺母连续工作，滚珠通过螺母上的返回装置完成循环，于是丝杠与螺母产生相对轴向运动。按照滚珠的循环方式，滚珠丝杠螺母副分成内循环方式和外循环方式两大类。内循环方式指在循环过程中滚珠始终与丝杠保持接触，这种方式结构紧凑，但要求制造精度较高。外循环方式指在循环过程中滚珠与丝杠脱离接触，制造相对容易些，其结构特点是，在丝杠和螺母的圆弧螺旋槽之间装有滚珠作为传动元件，因而摩擦系数小（0.002 ~ 0.005），传动效率可达 92% ~ 96%，动、静摩擦系数相差小，不易产生爬行现象，在预紧后，轴向刚度好，传动平稳，无间隙，不易产生爬行，随动精度和定位精度都较高，运动具有可逆性，制造复杂，成本高

（2）通过齿轮、齿条副或静压蜗杆蜗条副，将伺服电动机的旋转运动变成直线运动。这种传动方式主要用于行程较长的大型机床上。

（3）直接采用直线电动机进行驱动。直线电动机是近年来发展起来的高速、高精度数控机床中最具有代表性的先进技术之一。

四、项目考核

教师按学生表现填写考核表。

考核总成绩表				
序号	项目名称	配分	得分	备注
1	学习态度	20		
2	学习效果	40		
3	教师与学生评价	40		
	总分	100		

项目二　数控车床三爪卡盘的拆卸、清洗与装配

班级		项目开展时间		项目指导教师	
姓名		项目实施地点		项目考核成绩	

一、实训目标

1. 能力目标

（1）三爪卡盘的拆卸。

（2）三爪卡盘的清洗。

（3）三爪卡盘的装配。

2. 知识目标

（1）掌握拆卸的一般规则和要求。

（2）掌握零件清洗的目的和要求。

（3）掌握装配的一般工艺原则和要求。

3. 素质目标

（1）在小组学习的过程中，具备发现和解决问题的能力。

（2）具有团队协作及科学合理制订和实施工作计划的能力。

（3）实际操作应具备良好的心理素质和克服困难的能力。

（4）成果展示阶段，具有自我评价和创新的能力。

二、实训项目

机械部件的拆卸与装配是机械设备维修工作中不可或缺的环节，通过数控车床三爪卡盘的拆卸、清洗和装配，了解和掌握机械部件拆卸与装配的一般要求，通过所学的知识和技能解决拆装过程中出现的问题，提高学生的维修调试技能。

1. 自定心卡盘的规格

150 mm、200 mm、250 mm。

2. 三爪自定心卡盘装夹零件的类型

三爪自定心卡盘的装夹方式如图 6 - 9 所示。

（a） （b）

图 6 - 9 三爪自定心卡盘的装夹方式

（a）装夹圆柱形工件；（b）装夹正六边形工件

3. 三爪自定心卡盘卡爪的类型和规格

三爪自定心卡盘的类型如图 6 - 10 所示。

（a）　　　　　　　　　（b）

图6-10　三爪自定心卡盘的类型

（a）三爪自定心卡盘（正卡爪）；（b）三爪自定心卡盘（反卡爪）

三、项目实施

1. 工具清单（见表6-2）

表6-2　工具清单

名称	单位	规格	数量	备注
内六方扳手	套	2~19 mm	1	
外六方扳手	套	8 mm×10 mm, 12 mm×14 mm, 16 mm×18 mm, 17 mm×19 mm	1	
螺丝刀	把	一字	1	
螺丝刀	把	十字	1	
千分表	支	0~0.6 mm（0.002 mm）	1	
磁力表座	个		1	
干净棉纱	块		2	

2. 三爪自定心卡盘的拆装步骤

三爪自定心卡盘的结构如图6-11所示。

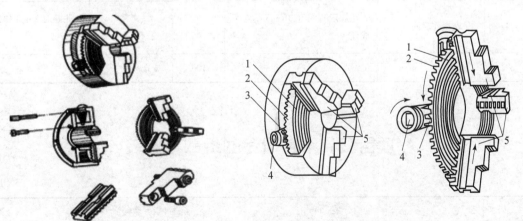

图6-11　三爪自定心卡盘的结构

1—平面螺纹；2—大锥齿轮；3—小锥齿轮；4—方孔；5—卡爪

（1）拆三爪自定心卡盘零部件的步骤和方法。

①拧松三个定位螺钉，取出三个小锥齿轮；

②拧松三个紧固螺钉，取出防尘盖板和带有平面螺纹的大锥齿轮。

（2）装三个卡爪的方法。

装卡盘时，将卡盘扳手的方榫插入小锥齿轮的方孔中旋转，带动大锥齿轮的平面螺纹转动。当平面螺纹的螺口转到将要接近壳体槽时，将卡爪装入壳体槽内。其余两个卡爪按顺序装入，方法与前面相同。

3. 卡盘在主轴上装卸练习

（1）装卡盘时，首先将连接部分擦净，并确保卡盘安装的准确性。

（2）卡盘旋上主轴后，应使卡盘法兰的平面和主轴平面贴紧。

（3）卸卡盘时，在操作者对面的卡爪与导轨面之间放置一定高度的硬木块或软金属，然后将卡爪转至近水平位置，慢速倒车冲撞，当卡盘松动后必须立即停车，然后用双手把卡盘旋下。

四、项目考核

教师按学生表现填写考核表。

考核总成绩表					
序号	考核项目	考核内容及要求	配分	得分	评分标准
1	职业素养	遵守 5S 规范，纪律表现良好，合作默契	20		5S 标准，错误 1 处扣 5 分
2	三爪拆卸	按顺序拆装三爪，不能掉在导轨上或者铁屑盘内	30		掉落 1 次扣 10 分
3	三爪安装	按顺序完成三爪安装	30		安装不正确不得分
4	操作时间	在规定时间（20 min）内完成任务	20		每超时 2 min 扣 2 分
	总分		100		

项目三　十字滑台的拆卸与安装

班级		项目开展时间		项目指导教师	
姓名		项目实施地点		项目考核成绩	

一、实训目标

1. 能力目标

（1）认识十字滑台的结构组成。

（2）认识滚珠丝杠、导轨的结构组成。

（3）认识十字滑台的传动。

2. 知识目标

（1）十字滑台的装配及技术要求。

（2）滚珠丝杠的装配及技术要求。

（3）导轨的装配及技术要求。

3. 素质目标

（1）在小组学习的过程中，具备发现和解决问题的能力。

（2）具有团队协作及科学合理制订和实施工作计划的能力。

（3）实际操作应具备良好的心理素质和克服困难的能力。

（4）成果展示阶段，具有自我评价和创新的能力。

二、实训项目

通过对十字滑台的拆卸，以及滚珠丝杠和导轨的安装与调试，了解和掌握机械部件拆卸与装配的一般要求，并通过所学的知识和技能解决拆装过程中出现的问题，提高学生的维修调试技能。

十字滑台的实物图、总装配图分别如图 6 - 12 和图 6 - 13 所示，十字滑台配件见表 6 - 3。

图 6 - 12 十字滑台实物图

三、项目实施

1. 工具清单（见表 6 - 4）

2. 安装底座平板

（1）在安装可调底脚以前，将 4 只可调底脚的固定螺栓拧至 37 mm 左右的高度（螺栓顶端到尼龙底座底部的距离），螺栓中间的螺母与尼龙底座间隙约为 1 mm，并将扁平螺母放到工作台的固定槽中。

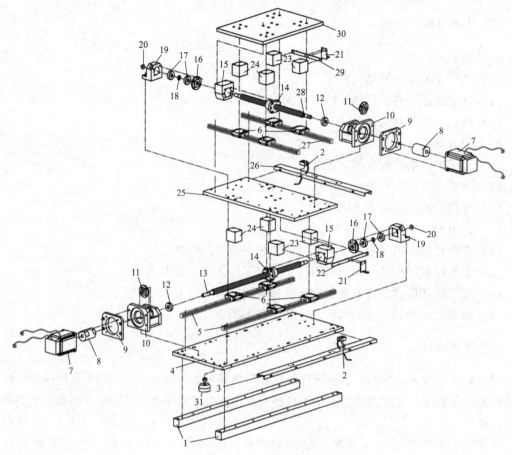

图 6 – 13　十字滑台总装配图

表 6 – 3　十字滑台配件

序号	品　名	数量	备注
1	底座纵梁	2 条	
2	传感器	6 个	
3	Z 轴限位开关挡板	1 块	
4	底座平板	1 块	
5	直线导轨 1	2 根	
6	滑块	8 个	
7	伺服电动机（FANUC）	2 台	
8	联轴器	2 个	
9	伺服电动机安装板	2 块	
10	电动机支座	2 个	
11	轴承盖 2	2 个	

续表

序号	品　名	数量	备注
12	轴承	2 根	
13	滚珠丝杠 1	1 条	
14	滚珠丝杠螺母	2 个	
15	滚珠丝杠螺母支座	2 个	用填隙片调整
16	轴承盖 1	2 个	
17	轴承	4 根	
18	角接触轴承间隔环	2 个	
19	滚珠螺母轴承支座	2 个	
20	角接触轴承压盖	2 个	
21	限位开关挡板	2 块	
22	Z 轴限位开关挡板横梁	1 条	
23	上下移动平台滑块支撑块 2	4 个	
24	上下移动平台滑块支撑块 1	4 个	
25	下移动平台	1 个	
26	X 轴限位开关挡板	1 块	
27	直线导轨 2	2 根	
28	滚珠丝杠 2	1 条	
29	限位开关挡板横梁	1 条	
30	上移动平台	1 个	
31	调节水平支座	4 个	

表 6－4　工具清单

名称	单位	规格	数量	备注
内六方扳手	套	2 ~ 19 mm	1	
外六方扳手	套	8 mm × 10 mm，12 mm × 14 mm， 16 mm × 18 mm，17 mm × 19 mm	1	
螺丝刀	把	一字	1	
螺丝刀	把	十字	1	
千分表	支	0 ~ 0.6 mm（0.002 mm）	1	
磁力表座	个		1	
干净棉纱	块		2	

（2）将底座平板4放在工作台上，将可调底脚安装到底座平板底部，然后将水平仪放在底座平板上，调节可调底脚，达到水平要求后固定可调底脚，并用内六角螺栓将底座平板安装在铝质型材平台上。

3. 安装 Z 向部件

1）安装导轨

导轨的安装如图6－14和图6－15所示。

图6－14　安装第一根直线导轨　　　　　图6－15　安装第二根直线导轨

2）安装丝杠

丝杠的结构及安装分别如图6－16和图6－17所示。

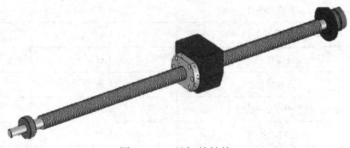

图6－16　丝杠的结构

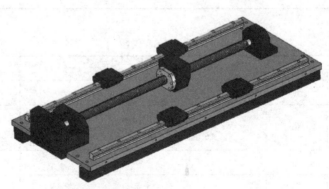

图6－17　丝杠的安装

（1）用内六角螺栓预装好电动机支座上的轴承盖11。

（2）将滚珠丝杠13上的螺母14与螺母支座15拆开。

（3）将滚珠丝杠组件13放入电动机支座10和轴承支座19内，用内六角螺栓预紧电动机支座与轴承支座。

（4）用游标卡尺初测导轨与滚珠丝杠之间的平行度并进行粗调。

（5）将电动机支座与轴承支座锁紧在底座平板上。

（6）用摇把将螺母停在滚珠丝杠的一端，将杠杆式百分表吸在基准导轨的滑块上，用百分表打螺母上用于装配的圆柱面，多打几次，以百分表读数基本不变为准，记录百分表此时读数。

（7）用摇把将螺母停在滚珠丝杠的另一端，用百分表打螺母上用于装配的圆柱面，记录百分表此时读数，计算电动机支座与轴承支座用于滚珠丝杠安装孔的高度差。

（8）将电动机支座与轴承支座的螺栓松开，根据螺母支座和下移动平台间的间隙将合适的填隙片填入到电动机支座或轴承支座下面，并固定紧电动机支座与轴承支座。

（9）重新打表，调整螺母在丝杠两端的高度差一致。

（10）用摇把将螺母停在滚珠丝杠的另一端，用卡尺测量滚珠丝杠的螺母与导轨的距离，记录此时读数。

（11）用摇把将螺母停在滚珠丝杠的另一端，用卡尺测量滚珠丝杠的螺母与导轨的距离，用橡皮榔头调整轴承支座与电动机支座，使滚珠丝杠与导轨平行，同时使两根导轨相对丝杠对称，固定滚珠丝杠。

3）安装支撑块

安装支撑块23、24，如图6-18所示，使侧面有螺孔的等高块对应底座平板有螺孔的一侧，用于限位开关挡块的安装。

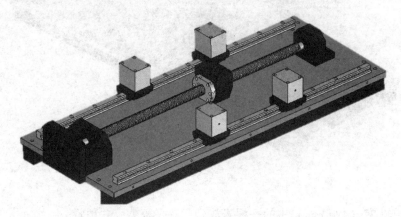

图6-18　安装支撑块

4）安装下移动平台

下移动平台的安装如图6-19所示。

（1）用内六角螺栓将下移动平台25预紧放置在支撑块23、24上。

（2）用塞尺测出滚珠丝杠螺母支座15与下移动平台之间的间隙。

（3）用填隙片填充上述间隙，预紧下移动平台，用摇把转动滚珠丝杠，检查下移动平台是否移动平稳、灵活，否则检查填隙片是否合适，若不合适则重新填充。

（4）固定下移动平台。

4. 安装 X 向部件

1）安装 X 向导轨（见图6-20）

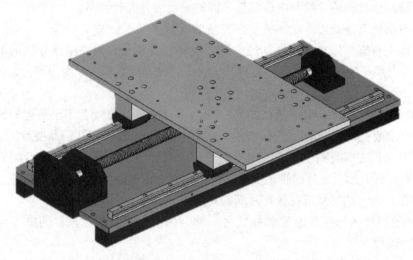

图 6 – 19　安装下移动平台

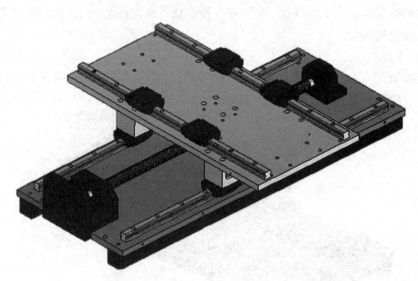

图 6 – 20　安装 X 向导轨

（1）将导轨 27（490 mm）中的一根安放到底座平板上，并预紧。

（2）以下移动平台的侧面为参考基准，按导轨安装孔中心到侧面的距离要求，调整导轨与下移动平台侧面基本平行，并固定。

（3）松开下移动平台，将直角尺靠紧安装好的直线导轨，用百分表接触直角尺的另一条直角边，检测下移动平台上的直线导轨与底座平板上的直线导轨的垂直度，用橡胶榔头轻轻敲击下移动平台的一侧，使上下两层的直线导轨互相垂直，然后将下移动平台锁紧。

（4）将另一根导轨 27（490 mm）安放到底座上，用两颗 M4×20 的内六角螺栓将该导轨预紧，用游标卡尺初测导轨之间的平行度并进行粗调。

（5）以安装好的导轨为基准，将杠杆式百分表吸在待安装导轨的滑块上，百分表的表头接触基准导轨的侧面，沿待安装导轨滑动滑块，通过橡胶榔头调整待安装导轨，使得两导轨平行，将导轨固定在底座平板上。

2）安装 X 向丝杠（见图 6 – 21）

图 6 – 21　安装 X 向丝杠

（1）用内六角螺栓预装好电动机支座上的轴承盖 11。

（2）将滚珠丝杠 28 上的螺母 14 与螺母支座 15 拆开。

（3）将滚珠丝杠组件 13 放入电动机支座 10 和轴承支座 19 内，用内六角螺栓预紧电动机支座与轴承支座。

（4）用游标卡尺初测导轨与滚珠丝杠之间的平行度并进行粗调。

（5）将电动机支座与轴承支座锁紧在下移动平台上。

（6）用摇把将螺母停在滚珠丝杠的一端，以安装好的导轨为基准，将杠杆式百分表吸在基准导轨的滑块上，用百分表打螺母上用于装配的圆柱面，多打几次，以百分表读数基本不变为准，记录百分表此时读数。

（7）用摇把将螺母停在滚珠丝杠的另一端，用百分表打螺母上用于装配的圆柱面，记录百分表此时读数，计算电动机支座与轴承支座用于滚珠丝杠安装孔的高度差。

（8）将电动机支座与轴承支座的螺栓松开，根据螺母支座和上移动平台间的间隙将合适的填隙片填入到电动机支座或轴承支座下面，并固定紧电动机支座与轴承支座。

（9）重新打表，调整螺母在丝杠两端的高度差一致。

（10）用摇把将螺母停在滚珠丝杠的另一端，用卡尺测量滚珠丝杠螺母与导轨的距离，记录此时读数。

（11）用摇把将螺母停在滚珠丝杠的另一端，用卡尺测量滚珠丝杠螺母与导轨的距离，调整轴承支座与电动机支座，使滚珠丝杠与导轨平行，同时使两根导轨相对丝杠对称，固定滚珠丝杠。

3）安装支撑块

安装支撑块 23、24，如图 6 – 22 所示，使侧面有螺孔的等高块对应底座平板有螺孔的一侧，用于限位开关挡块的安装。

（1）用 M5 ×60、M5 ×60 内六角螺栓，将下移动平台 25 预紧放置在支撑块 23、24 上。

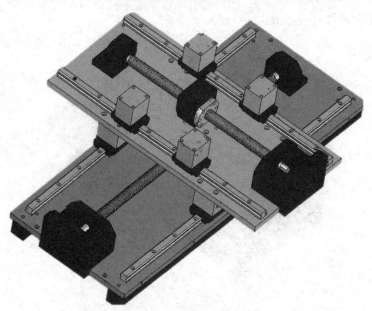

图 6 – 22　安装支撑块

（2）用塞尺测出丝杠支座 15 与上移动平台之间的间隙。

（3）用填隙片填充上述间隙，预紧下移动平台，用摇把转动滚珠丝杠，检查上移动平台是否移动平稳、灵活，否则检查填隙片是否合适，若不合适则重新填充。

（4）固定上移动平台。

5. 安装限位开关支架

限位开关支架的安装如图 6 – 23 所示。

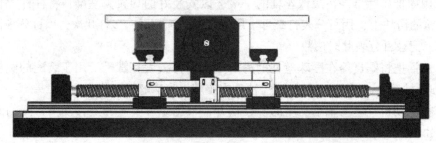

图 6 – 23　安装限位开关支架

（1）安装 Z 轴限位开关挡板 3，并安装好 Z 轴限位开关安装板。

（2）安装 X 轴限位开关挡板 3，并安装好 X 轴限位开关安装板。

（3）调整 X、Z 轴限位开关挡板与 X、Z 轴限位开关的间隙为 2～3 mm。

6. 安装电动机

（1）用摇把转动 X、Z 向丝杠 13、28，检测其能否平稳、灵活运行。

（2）分别安装 X、Z 向电动机安装板 9、联轴器 8、电动机 7 到电动机支座 10 上，如图 6 – 24 所示。

7. 十字滑台安装注意事项

（1）调整丝杠、导轨的安装位置时，不要固定住一端再去调整另一端，否则会造成丝杠、导轨旁弯，其正确的做法是预紧两端，然后用橡皮锤调整。

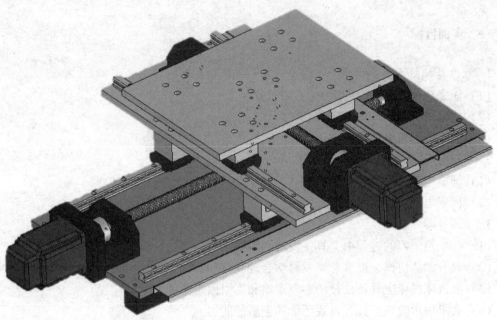

图 6 - 24　安装电动机

（2）等高块分两种，有固定孔的用于安装限位开关挡块。

（3）调整滚珠丝杠两端等高时，最好是先松开轴承支座、电动机支座的固定螺栓，再塞入填隙片。

（4）零件要轻拿轻放，不要将螺栓、工具、量具或其他杂物放到十字滑台上。

四、项目考核

教师按学生表现填写考核表。

考核总成绩表				
序号	项目名称	配分	得分	备注
1	安装工艺	60		
2	安装方法	10		
3	安装检测	10		
4	教师与学生评价	20		
	总分	100		

项目四　伺服电动机的调试与安装

班级		项目开展时间		项目指导教师	
姓名		项目实施地点		项目考核成绩	

一、实训目标

1. 能力目标
（1）能完成伺服电动机的拆卸。
（2）能完成伺服电动机的安装。
（3）能完成伺服电动机的调试。
2. 知识目标
（1）伺服电动机进给的控制原理。
（2）伺服电动机的参数设定。
3. 素质目标
（1）在小组学习的过程中，具备发现和解决问题的能力。
（2）具有团队协作、提炼总结及科学合理制订和实施工作计划的能力。
（3）上机床操作应具备良好的心理素质和克服困难的能力。
（4）成果展示阶段，具有自我评价和创新的能力。

二、实训项目

将数控车床实训台伺服电动机拆卸，并安装到十字滑台实训台上。

通过系统参数设置，完成十字滑台的移动，通过实践了解和掌握机械部件拆卸与装配的一般要求，并通过所学的知识和技能解决拆装过程中出现的问题。

三、项目实施

1. 参数的删除
按住"DELETE"+"RESET"键进行参数删除。
2. 语言设置
OFS/SET→扩展键→LSNG，如图 6 – 25 所示。

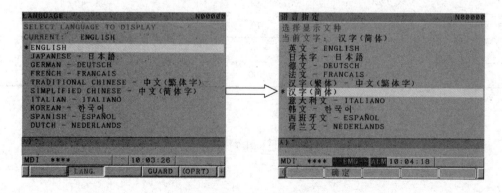

图 6 – 25 语言设置

3. 基本参数的设置（见表6-5）

表6-5 基本参数的设置

参数号	一般设定值	说明
0000#1	1	输出数据位 ISO 代码
0000#2	1	公/英制
20	4	输入设备接口号，4 为存储卡
1001#0	0	直线轴的最小移动单位为公制单位
1005#0	1	未回零执行自动运行，调试时为1，否则有（PS224）报警
1006#0	0	直线轴，一般是直线运动的轴（千万不要想到是电动机旋转，设为回转轴，回转工作台才是回转轴）
1006#3	0	车床 X 轴，直径编程和半径编程
3401#0	1	指令数值单位为 mm（否则默认为 μm，后面所有数据要按 μm 设置，需要输入很多0）
1007#1	0	通过定位（快移）返回参考点
1007#1	1	以手动返回参考点
1320	调试为 99999999	存储行程限位正极限，这个值调试为99999999，在设置好参考点后，手摇方式移动轴接近机械极限位置，看机械坐标值，超出为 500 报警
1321	调试为 99999999	存储行程限位负极限，此值调试为99999999，在设置好参考点后，手摇方式移动轴接近机械极限位置，看机械坐标值，超出为 501 报警，如果设置1320 小于1321，则自动忽略500、501 报警
1401#0	调试为1	快移有效
3208	0	SYSTEM 无效

4. 进给轴参数的设置

1）伺服参数设置（见图6-26）

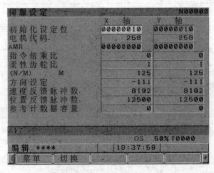

图6-26 伺服参数的设置

2）轴设定

轴的参数设定见表6-6。

表6-6 轴的参数设定

设定内容	参数号	一般设定值	说明
轴名称	1020	88，89，90	设定轴名称
	1022	1，2，3	轴属性
	1023	1，2，3	轴连接顺序
轴速度	1401#0	1	快速移动有效
	1402#1	0	JOG 倍率有效
	1410	1000	G00 速度
	1420	3000	快移速度
	1421	1000	F0 速度
	1422	1500	手动速度
	1425	300	返回参考点速度
	1430	1000	切削速度
时间	1620	100	快移时间
	1622	100	切削时间
	1624	100	JOG 时间
	1825	3000	增益（未设置出现417号伺服非法报警）
	1826	20	轴到位宽度
	1827	20	切削进给宽度
	1828	10000	快移偏差（未设置出现411号报警）
	1929	200	停止偏差
轴互锁	3003#0	1	全轴锁功能开启
	3003#2	1	分轴锁功能开启
	3003#3	1	分方向互锁
	3004#5	0	硬限位无效
	3004#5	1	硬限位有效
轴显示	3105#0	1	实际进给速度显示
	3105#2	1	显示 S 和 T
	3106#4	1	操作履历显示
	3106#5	1	主轴倍率显示
	3108#6	1	主轴负载显示
	3108#7	1	实际手动速度显示
	3111#0	1	伺服调整显示
	3111#1	1	主轴设定显示
	3111#2	1	主轴调整显示
	3111#5	1	监控显示

在系统连接并通电运行后，首先要进行伺服参数的调整，包括基本伺服参数的设定以及按机床的机械特性和加工要求进行的优化调整，如果是全闭环，要先按照半闭环情况设定（参数 1815#1，伺服参数画面的 N/M，位置反馈脉冲数，参考计数器容量），调整正常后再设定全闭环参数，重新进行调整。

四、项目考核

教师按学生表现填写考核表。

考核总成绩表				
序号	项目名称	配分	得分	备注
1	学习态度	20		
2	学习效果	40		
3	教师与学生评价	40		
	总分	100		

项目五　数控机床的调试与验收

班级		项目开展时间		项目指导教师	
姓名		项目实施地点		项目考核成绩	

一、实训目标

1. 能力目标

（1）了解数控机床调试和验收的流程。

（2）能完成数控机床精度检验。

（3）能完成数控机床的验收。

2. 知识目标

（1）数控机床调试前的检查工作。

（2）掌握数控机床的验收方法和步骤。

（3）掌握数控机床的调试方法和调试步骤。

3. 素质目标

（1）在小组学习的过程中，具备发现和解决问题的能力。

（2）具有团队协作、提炼总结及科学合理制订和实施工作计划的能力。

（3）上机床操作应具备良好的心理素质和克服困难的能力。

（4）成果展示阶段，具有自我评价和创新的能力。

二、实训项目

随着数控机床的广泛应用，机床的调试与验收工作越来越受到重视，本次实训项目通过讲解数控车床的调试和验收方法，让学生了解和掌握基本的流程，培养学生具备数控车床调试和验收的能力。

三、项目实施

工具清单见表 6-7。

表 6-7 工具清单

名称	单位	规格	数量	备注
水平仪	个	0.02 mm/1 000 mm	1	
平尺	把	400 mm，1 000 mm，0 级	1	
检验棒	个	φ80 mm×500 mm	1	
顶尖	个	莫氏 5 号，莫氏 3 号	1	
千分表	支	0～0.6 mm（0.002 mm）	1	
磁力表座	个		1	
干净面纱	块		2	

机床验收的操作要领见表 6-8。

表 6-8 机床验收操作要领

序号	简图	检验项目
1	主轴轴线和 Z 轴线运动间的平行度 （a）　　　　（b）	主轴轴线和 Z 轴线运动间的平行度； 在平行于 Y 轴线的 YZ 垂直平面内； 在平行于 X 轴线的 ZX 垂直平面内

续表

序号	简图	检验项目
2	主轴轴线和 X 轴线运动间的垂直度 主轴线和 X 轴线运动间的垂直度示意图	主轴线和 X 轴线运动间的垂直度
3	Z 轴线运动和 Y 轴线运动间的垂直度 Z 轴线运动和 Y 轴线运动间的垂直度示意图	Z 轴线运动和 Y 轴线运动间的垂直度
4	工作台的基准 T 形槽和 X 轴线运动间的平行度 工作台的基准 T 形槽和 X 轴线运动间的平行度示意图	工作台的基准 T 形槽和 X 轴线运动间的平行度

序号	简图	检验项目
5	Y轴线运动和X轴线运动间的垂直度	Y轴线运动和X轴线运动间的垂直度
6	主轴锥孔轴线的径向跳动 L a b	主轴锥孔轴线的径向跳动; 靠近主轴端部,距主轴端部L处
7	应用水平仪进行机床水平调整	机床静态下,水平仪放置在工作台中央,调整机床水平,要求0.04 mm/m

四、项目考核

教师按学生表现填写考核表。

考核总成绩表				
序号	项目名称	配分	得分	备注
1	学习态度	20		
2	学习效果	40		
3	教师与学生评价	40		
	总分	100		

模块七 数控维修电工实训项目

项目一 数控机床系统与面板界面

班级		项目开展时间		项目指导教师	
姓名		项目实施地点		项目考核成绩	

一、实训目标

1. 能力目标

(1) 认识数控机床操作面板。

(2) 认识数控机床系统及其界面的显示。

(3) 认识数控机床系统的硬件连接及维护。

2. 知识目标

(1) 数控机床操作系统的种类和特点。

(2) 数控机床系统的硬件组成及连接。

(3) 数控机床系统的界面认识。

3. 素质目标

(1) 在小组学习的过程中，具备发现和解决问题的能力。

(2) 具有团队协作及科学合理制订和实施工作计划的能力。

(3) 上机床操作应具备良好的心理素质和克服困难的能力。

(4) 成果展示阶段，具有自我评价和创新的能力。

二、实训项目

1. 数控机床操作面板的布局与功能

数控机床操作面板的构成一般分为横式和竖式两种，如图 7-1 和图 7-2 所示。横式面板的显示器与 MDI 键盘的位置是横式摆放，其显示器的尺寸较小，因此其一次性所能够显示的内容也较少；而竖式面板的显示器与 MDI 键盘的位置是竖式摆放，其显示器的尺寸较大，一次性能够显示的内容较多。

图 7 - 1　竖式面板

图 7 - 2　横式面板

1）操作面板的布局

数控机床面板各功能区域的布局如图 7 - 3 所示。

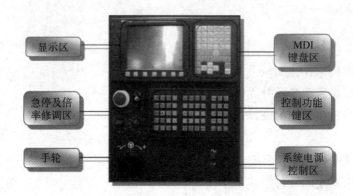

图 7 - 3　面板区域布局

（1）显示区：根据显示功能键的不同而显示机床不同的操作信息。

（2）MDI 键盘区：输入相关机床操作信息，调节显示界面以及编辑数控系统参数。

（3）控制功能键区：控制数控机床的工作状况，如自动加工、编辑程序和回零等。

（4）急停及倍率修调区：控制数控机床的紧急停止状况，调节主轴或进给倍率。

（5）系统电源控制区：控制系统电源的接通与关闭。

2）各个区域的功能

显示区与 MDI 键盘区，如图 7 - 4 所示。

各区域按键功能如表 7 - 1 所示。

控制功能键区：控制功能键区面板如图 7 - 5 所示。

控制功能键区中的各按键功能如表 7 - 2 所示。

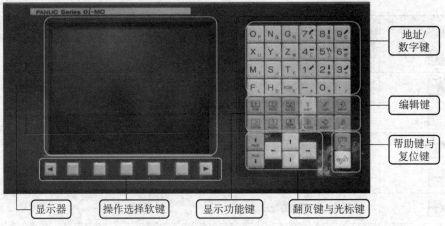

图 7 - 4 显示区与 MDI 键盘区

地址/数字键

编辑键

帮助键与复位键

显示器　操作选择软键　显示功能键　翻页键与光标键

表 7 - 1 MDI 软键功能

MDI 软键	功能
	软键 ↑PAGE 实现左侧 CRT 中显示内容的向上翻页；软键 ↓PAGE 实现左侧 CRT 中显示内容的向下翻页
	移动 CRT 中的光标位置。软键 ↑ 实现光标的向上移动；软键 ↓ 实现光标的向下移动；软键 ← 实现光标的向左移动；软键 → 实现光标的向右移动
	实现字符的输入，单击 SHIFT 键后再单击字符键，将输入右下角的字符。例如：单击 O_P，将在 CRT 光标的所处位置输入 "O" 字符；单击软键 SHIFT 后再单击 O_P，将在光标的所处位置输入 P 字符。按软键中的 "EOB" 将输入 "；" 号，表示换行结束
	实现字符的输入，例如：单击软键 5，将在光标所在位置输入 "5" 字符；单击软键 SHIFT 后再单击 5，将在光标所在位置处输入 "]"
POS	在 CRT 中显示坐标值
PROG	CRT 将进入程序编辑和显示界面
OFFSET SETTING	CRT 将进入参数补偿显示界面
SYSTEM	系统显示界面，可以在此界面进行参数的设置
MESSAGE	报警信息显示界面，能够实时显示机床的报警信息
CUSTOM GRAPH	在自动运行状态下将数控显示切换至轨迹模式
SHIFT	输入字符切换键

MDI 软键	功能
CAN	删除单个字符
INPUT	将数据域中的数据输入到指定的区域
ALTER	字符替换
INSERT	将输入域中的内容输入到指定区域
DELETE	删除一段字符
HELP	显示数控系统相关帮助信息
RESET	机床复位

图 7 - 5　控制面板

表 7 - 2　控制功能键区按键功能

按钮	名称	功能说明
	自动运行	此按钮被按下后，系统进入自动加工模式
	编辑	此按钮被按下后，系统进入程序编辑状态
	MDI	此按钮被按下后，系统进入 MDI 模式，手动输入并执行指令
	远程执行	此按钮被按下后，系统进入远程执行模式，即 DNC 模式，输入、输出资料
	单段	此按钮被按下后，运行程序时每次执行一条数控指令

按钮	名称	功能说明
	单节忽略	此按钮被按下后，数控程序中的注释符号"/"有效
	选择性停止	此按钮被按下后，"M01"代码有效
	机械锁定	锁定机床
	试运行	空运行
	进给保持	程序运行暂停，在程序运行过程中按下此按钮，运行暂停，按"循环启动" 恢复运行
	循环启动	程序运行开始。系统处于"自动运行"或"MDI"位置时按下有效，其余模式下使用无效
	循环停止	程序运行停止。在数控程序运行中按下此按钮，停止程序运行
	回原点	机床处于回零模式。机床必须首先执行回零操作，然后才可以运行
	手动	机床处于手动模式，连续移动
	手动脉冲	机床处于手轮控制模式
	手动脉冲	机床处于手轮控制模式
X	X轴选择按钮	手动状态下X轴选择按钮
Y	Y轴选择按钮	手动状态下Y轴选择按钮
Z	Z轴选择按钮	手动状态下Z轴选择按钮
+	正向移动按钮	手动状态下，单击该按钮系统将向所选轴正向移动。在回零状态时，单击该按钮将所选轴回零
-	负向移动按钮	手动状态下，单击该按钮系统将向所选轴负向移动
快速	快速按钮	单击该按钮将进入手动快速状态
	主轴控制按钮	依次为主轴正转、主轴停止、主轴反转
ON	系统电源开关	系统电源开
OFF	系统电源开关	系统电源关

按钮	名称	功能说明
	主轴倍率选择旋钮	将光标移至此旋钮上后,通过单击鼠标的左键或右键来调节主轴旋转倍率
	进给倍率	调节运行时的进给速度倍率
	急停按钮	按下急停按钮,使机床移动立即停止,并且所有的输出如主轴的转动等都会关闭
	手持单元选择	与"手轮"按钮配合使用,用于选择手轮方式
	辅助功能锁住	在自动运行程序前按下此按钮,程序中的 M、S、T 功能被锁住不执行
	Z 轴锁住	在手动操作或自动运行程序前按下此按钮,Z 轴被锁住,不产生运动
	主冷却液	按下此按钮,冷却液打开;复选此按钮,冷却液关闭
	手动润滑	按下此按钮,机床润滑电动机工作,给机床各部分润滑;松开此按钮,润滑结束。一般不用该功能
	限位解除	用于坐标轴超程后的解除。当某坐标轴超程后,该按钮灯亮,按此按钮,然后将该坐标轴移出超程区。超程解除后需回零
	增量倍率	当选择了"手轮"功能时,可以通过该 4 个按钮选择手轮移动倍率

2. 数控机床基本操作

1)开机与回零

(1)开机。

①打开机床电源开关。

②打开控制面板上的控制系统电源开关("ON"按钮),系统自检。

③系统自检完毕后,旋开急停开关。

④复位(按 MDI 键盘上的"RESET"按钮 1 次)。

(2)关机。

应将工作台(X、Y 轴)放于中间位置,Z 轴处于较高位置(严禁停放在零点位置)。

①按下急停开关。

②按控制面板上的控制系统电源开关（"OFF"按钮）。

③关闭机床电源开关。

（3）回零。

在数控机床开关后，应首先进行回零操作，对于立式数控铣床，为了保证安全，一般应先将 Z 轴回零，然后将 Y、X 轴回零。

在回零之后，应及时退出零点，先退 $-X$ 方向，再退 $-Y$ 方向，最后退 $-Z$ 方向，将工作台处于床身中间位置，主轴处于较高位置。

2）坐标轴的移动

数控机床坐标轴的移动可通过手动方式或手轮方式操作。

（1）手动方式：

选择工作方式为"〜〜"。

选择需要移动的坐标轴按钮" X Y Z "。

选择移动方向" + / - "，移动坐标轴。

（2）手轮方式：

数控铣床手轮外观如图 7-6 所示。

当需要使用手轮时，操作方法为：

①选中机床面板上的" ⊙ "与"手持单元选择"按钮。

②通过手轮上的"轴选择旋钮"选择需要移动的坐标轴。

③通过"增量倍率选择旋钮"选择合适的移动倍率。

④旋转"手摇轮盘"移动坐标轴，顺时针旋转为坐标轴正向移动，逆时针旋转为负方向移动，通过旋转速度的快慢可以控制坐标轴的运动速度。

当不需要使用手轮时，为了防止手轮功能未被关闭而引起安全事故，需按以下步骤关闭手轮：

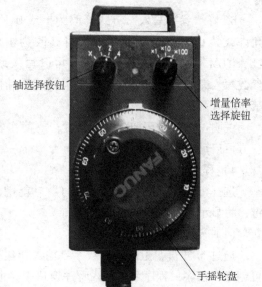

轴选择按钮
增量倍率选择旋钮
手摇轮盘

图 7-6 手轮

①将"轴选择旋钮"旋至第 4 轴（通常数控铣床上设有 3 个坐标轴，第 4 轴为扩展轴，选择该轴时不生效）；若机床上安装有第 4 轴，则将"轴选择旋钮"旋至 X 轴。

②将"增量倍率选择旋钮"旋至"X1"（即最小增量倍率）。

③复选机床面板上的"手持单元选择"按钮，将其失效，将"手轮"状态切换为"编辑"状态，关闭手轮。

注意：在使用手轮移动坐标轴时，要特别注意轮盘的旋向与坐标轴运动方向之间的关系，否则很容易出现撞刀事故；同时，在移动坐标轴时要注意观察显示屏上的"机床实际坐标"，以避免超程。

3）MDI 操作

在进行数控系统调试与维护的过程中，经常会通过 MDI 方式运行简单的程序来检验系统的调试过程及调试结果，或者在 MDI 方式下设置数控系统相关参数。

MDI 方式执行简单程序，具体操作方法如下：

①选择 "" 方式，再选择 "PROG"，将显示切换为程序界面。

②使用 MDI 键盘输入要执行的程序，如 "M03 S500;"。

③选择控制面板上的 ""，执行程序。

在 MDI 方式下设置系统参数，方法如下：

①选择 "" 方式。

②选择 "OFFSET SETTING"，再选择 "设定" 功能软键，将显示切换为参数设定界面，如图 7-7 所示。

③通过两种方式设置参数。

a. 通过翻页键选择需要设置的参数，进行参数修改。

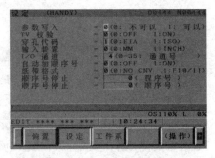

图 7-7　参数设定界面

b. 将 "参数写入" 方式修改为 1 或 0，可以实现允许或禁止写入系统参数；当将其改为 1 时，进入 "SYSTEM" 系统参数显示界面，可以写入系统参数，参数写入完成后，将 "参数写入" 方式重新修改为 0，禁止写入系统参数。

说明：数控机床初次上电后，若要使主轴转动，则必须在 MDI 状态下执行主轴转动指令方可启动主轴。

4）程序输入与编辑

选择机床控制面板上的 "EDIT" 功能键，进入编辑状态，按下 MDI 键盘上的 "PROG" 键，将显示调节为程序界面。

（1）新建程序。

通过 MDI 键盘上的地址数字键输入新建程序名（如 "O1234"），按下 "INSERT" 键即可创建新程序，程序名被输入程序窗口中。但新建的程序名称不能与系统中已有的程序名称相同，否则不能被创建。

当新建程序后，若需要继续输入程序，应依次选择 "EOB" "INSERT" 键插入分号并换行，方可输入后续程序段，即程序名必须单独一行。

（2）输入程序。

操作步骤如下：

①通过 MDI 键盘上的地址数字键输入程序段（如 "G00 Z10.0;"），此时程序段被输入至缓存区。

②依次选择 "EOB" "INSERT" 功能键将缓存区中的程序段输入程序窗口中并换行，缓存区中的程序如图 7-8（a）所示。

③重复步骤①和步骤②输入后续程序，如图 7-8（b）所示。

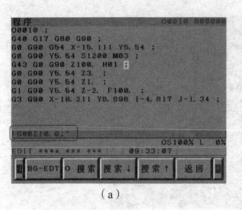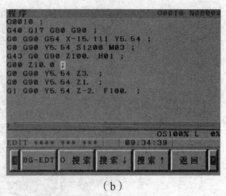

（a）　　　　　　　　　　　　　（b）

图 7-8　程序段输入

（a）缓存区程序；（b）完成输入

（3）调用程序。

①调用系统存储器中的程序。

操作步骤如下：

a. 通过 MDI 键盘上的地址数字键输入需要查找的程序名至缓存区（如"O1010"）；

b. 选择 MDI 键盘上的"→""↓"，或选择软功能键"[O 搜索]"将程序调至当前程序窗口中。

②调用存储卡中的程序。

操作步骤如下：

a. 插入存储卡（注意存储卡的插入方向是否正确，避免损坏插孔内的针头）。

b. 修改数据通道参数（在"MDI"状态下进入设定界面，将 I/O 通道改为 4），如图 7-9 所示。

c. 在"EDIT"状态下选择软功能键进入存储卡目录界面（见图 7-10），输入要读入的文件名序号（如图 7-11 中的程序 O0005 对应序号为 4），选择"[F 设定]"，再输入读入后的程序名（程序号），选择"[O 设定]"。

d. 选择[执行]读入程序，在程序界面调出所需程序。

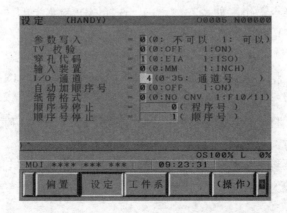

图 7-9　修改 I/O 通道

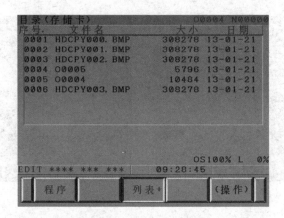

图 7 – 10　存储卡目录

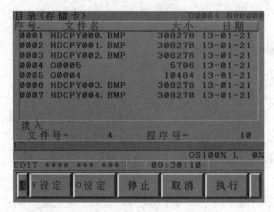

图 7 – 11　读入程序

（4）查找程序语句。

①查找当前程序中的某一段程序。

输入需要查的程序段顺序号（如"N90"），选择 MDI 键盘上的"→""↓"，或选择软功能键"[检索↓]"，光标将跳至被搜索的程序段顺序号处。

②查找当前程序中的某个语句。

输入需要查找的指令语句（如"Z－2.0"），选择 MDI 键盘上的"→""↓"，或选择软功能键"[检索↓]"，光标将跳至被搜索的语句处。

（5）修改程序：

第一，插入语句，将光标移动至插入点后输入新语句，选择"INSERT"功能键将其插入至程序中。

第二，删除语句，将光标移动至目标语句，选择"DELETE"功能键将其删除。当需要删除缓存区内的语句时，可选择"CAN"功能键逐字删除。

第三，替换语句，将光标移动至需被替换的语句处，输入新语句后选择"ALTER"功能键，原有语句被替换为新语句。

（6）删除程序：

输入需要删除的程序名，选择"DELETE"功能键，系统提示是否执行删除，选择

"[执行]" 软功能键，删除该程序。但若被删除的程序为当前正在加工的程序，则该程序不能被删除。

三、项目考核

教师按学生表现填写考核表。

考核总成绩表				
序号	项目名称	配分	得分	备注
1	编写试加工程序	20		
2	修改程序	40		
3	不同工作方式下进给运动控制	40		
	总分	100		

项目二 数据备份方法

班级		项目开展时间		项目指导教师	
姓名		项目实施地点		项目考核成绩	

一、实训目标

1. 能力目标

（1）BOOT 画面的备份和恢复。

（2）正常画面的备份和恢复。

2. 知识目标

（1）在 BOOT 画面下的备份 SRAM 文件是系统的打包文件，快速简单，同时 BOOT 是系统的引导程序，先于 NC 启动，不需要任何参数的支持，可恢复性强。

（2）在系统的正常画面下进行备份的文件是文本文件，可在计算机上进行读写操作。

3. 素质目标

（1）在小组学习的过程中，具备发现和解决问题的能力。

（2）具有团队协作及科学合理制订和实施工作计划的能力。

（3）上机床操作应具备良好的心理素质和克服困难的能力。

（4）成果展示阶段，具有自我评价和创新的能力。

二、实训项目

1. BOOT 画面下数据备份

（1）系统送电前先将存储卡插入系统插槽中，如图 7 – 12 所示。

图 7 - 12　插存储卡

（2）用手按着这两个键（不要松开）同时给系统送电，如图 7 - 13 所示。

图 7 - 13　给系统送电

（3）系统送电后出现此画面，如图 7 - 14 所示。

（4）将 SRAM 系统数据由系统备份到存储卡上。

①按"［DOWN］"软键将光标移到"5"，再按"［SELECT］"软键，如图 7 - 15 所示。

②出现如图 7 - 16 所示画面后将光标停在"1"上再按"［SELECT］"软键。

③在准备传输画面按"［YES］"软键，传输开始，如图 7 - 17 所示。

图7-14 系统送电后界面

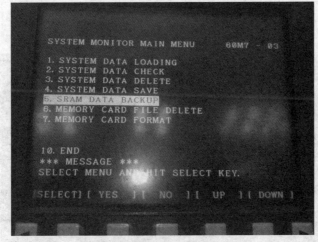

图7-15 数据备份（一）

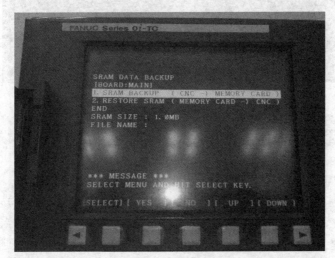

图7-16 数据备份（二）

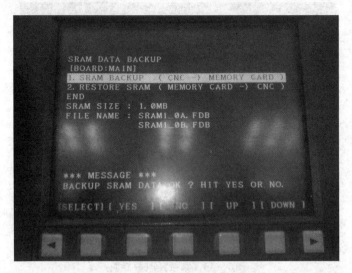

图 7 – 17 传输开始界面

图 7 – 18 所示为传输完成画面。

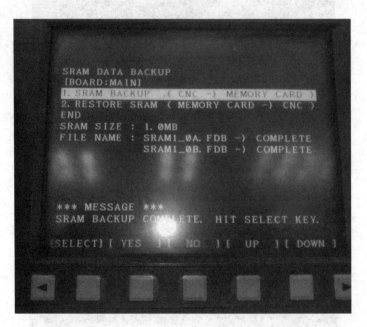

图 7 – 18 传输完成界面

④传输完成后将光标移到 "END" 上, 按 "[SELECT]" 软键返回初菜单, 如图 7 – 19 所示。

(5) 将系统 PMC 备份到存储卡上。

①在初菜单上将光标移到 "4" 上, 再按 "[SELECT]" 软键, 如图 7 – 20 所示。

②进入下一级菜单后按右边的扩展键, 找到有 PMC 的一项, 将光标移到该项上, 再按 "[SELECT]" 软键、"[YES]" 软键, 传输开始, 直至完成, 如图 7 – 21 所示。

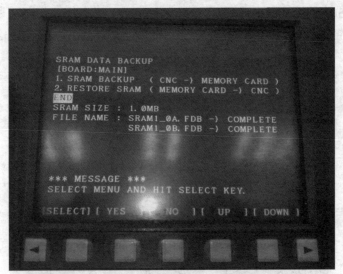

图 7-19　按 "［SELECT］" 软键返回初菜单

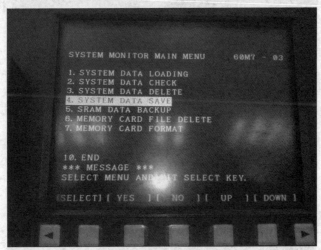

图 7-20　备份系统 PMC（一）

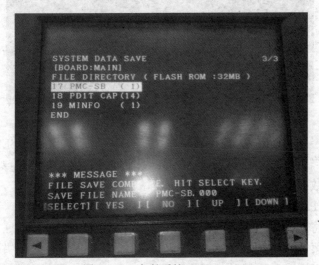

图 7-21　备份系统 PMC（二）

（6）至此，SRAM 数据和 PMC 数据全部备份完成。在每一级菜单上选择"END"，按"[SELECT]"软键逐级返回，系统重新启动，拔出存储卡，备份完成，如图 7 - 22 所示。

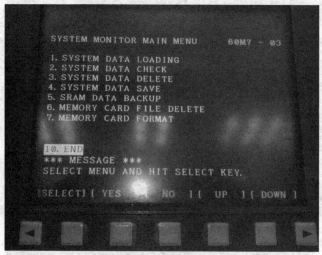

图 7 - 22　备份完成

2. BOOT 画面下恢复备份

（1）数据恢复步骤开始同数据备份（1）、（2）、（3）步。

①恢复 SRAM 数据，将光标移到"5"，按"[SELECT]"软键进入下一级菜单，如图 7 - 23 所示。

图 7 - 23　恢复 SRAM 数据（一）

②出现如图 7 - 24 所示画面后将光标停在"2"上再按"[SELECT]"软键，按"[YES]"软键，传输开始，直至完成。SRAM 数据恢复完成，如图 7 - 24 所示。

③返回步骤同数据备份（4）中④。

（2）最后恢复 PMC 程序。

①在初菜单上将光标移到"1"上，再按"[SELECT]"软键，如图 7 - 25 所示。

②出现这一级菜单后将光标移到"PMC"一项，按"[SELECT]"软键、"[YES]"软键，传输开始，直至完成（看提示是否传输成功）。PMC 程序恢复完成，如图 7 - 26 所示。

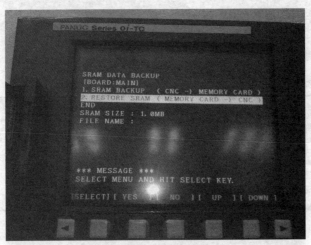

图 7 - 24　恢复 SRAM 数据（二）

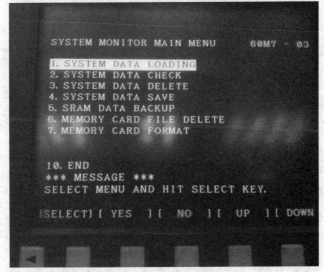

图 7 - 25　恢复 PMC 程序（一）

图 7 - 26　恢复 PMC 程序（二）

③返回结束动作同数据备份中（3）。

三、项目考核

教师按学生表现填写考核表。

	考核总成绩表			
序号	项目名称	配分	得分	备注
1	数据备份	50		
2	数据恢复	50		
	总分	100		

项目三 参考点参数的设定

班级		项目开展时间		项目指导教师	
姓名		项目实施地点		项目考核成绩	

一、实训目标

1. 能力目标
（1）会设置参考点参数。
（2）了解返回参考点的意义。
2. 知识目标
（1）了解返回参考点的相关参数，调整参考点的位置。
（2）了解返回参考点相关信号及无挡块返回参考点的设置。
3. 素质目标
（1）在小组学习的过程中，具备发现和解决问题的能力。
（2）具有团队协作及科学合理制订和实施工作计划的能力。
（3）上机床操作应具备良好的心理素质和克服困难的能力。
（4）成果展示阶段，具有自我评价和创新的能力。

二、实训项目

1. 返回参考点的相关参数
参数：1005，1815，1006，1240，1241，1242，1243。
2. 调整参考点的位置
（1）机床回到零点。
（2）相对坐标画面将相对位置清零。
（3）观察机床位置，用手轮将轴移动到希望的参考点位置。

（4）将此时相对坐标显示设定在参数 1850 中。

（5）断电重启，确认参考点位置。

三、项目实施

简述设置参考点的过程。

四、项目考核

教师按学生表现填写考核表。

考核总成绩表				
序号	项目名称	配分	得分	备注
1	学习态度	20		
2	学习效果	40		
3	教师与学生评价	40		
	总分	100		

项目四　伺服参数的设定

班级		项目开展时间		项目指导教师	
姓名		项目实施地点		项目考核成绩	

一、实训目标

1. 能力目标

（1）伺服信息的显示。

（2）伺服参数初始化。

（3）伺服参数的设定。

2. 知识目标

（1）在伺服系统中，可以由系统获取各个连接设备输出的 ID 信息，显示在 CNC 画面上。

（2）伺服电动机必须经过初始化且相关参数正确设定后才能够正常运行。

3. 素质目标

（1）在小组学习的过程中，具备发现和解决问题的能力。

（2）具有团队协作及科学合理制订和实施工作计划的能力。

（3）上机床操作应具备良好的心理素质和克服困难的能力。

（4）成果展示阶段，具有自我评价和创新的能力。

二、实训项目

1. 伺服设定（伺服初始化）

在伺服设定中，分两步进行，首先设定半闭环下的参数，确保机械的正常运行。

1）"参数设定支援"界面

按"SYSTEM"键数次，直至出现"参数设定支援"界面为止，在此界面可对伺服进行初始化设定，如图 7 – 27 所示。

2）伺服设定

在"参数设定支援"界面按下软键"[操作]"，将光标移动至"伺服设定"处，按下软键"[选择]"，出现"伺服设定"界面。伺服参数设定即在该界面进行，如图 7 – 28 所示。

图 7 – 27　"参数设定支援"界面

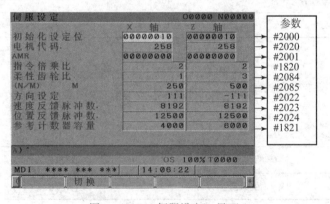

图 7 – 28　"伺服设定"界面

3）初始化设定位 NO 2000

#0（PLC01）：设定为"0"时，检测单位为 1 μm，FANUC 系统使用参数 2023（速度脉冲数）、2024（位置脉冲数）；设定为"1"时，检测单位为 0.1 μm，即把上面系统参数的数值乘 10 倍。

#1（DGPRM）：设定为"0"时，系统进行数字伺服参数初始化设定，当伺服参数初始

化后，该位自动变成"1"。

#3（PRMCAL）：进行伺服初始化设定时，该位自动变成"1"（FANUC – OC/OD 系统无此功能）。根据编码器的脉冲数自动计算下列参数：PRM2043、PRM2044、PRM2047、PRM2053、PRM2054、PRM2056、PRM2057、PRM2059、PRM2074、PRM2076。

4）伺服电动机代号

根据所使用的伺服电动机的类型及规格，查出 ID 代码。

电动机型号：βiS8/3000（电动机型号为 βiS8，其最高转速为 3 000 r/min）。

电动机订货号：A06B – 0075 – B103（B103 表示电动机为法兰安装，不带抱闸）。

FANUC 系统 αiS、βiS 系列伺服电动机的 ID 代码见表 7 – 3。

表 7 – 3　FANUC 系统 αiS、βiS 系列伺服电动机的 ID 代码

电动机型号	电动机代码	电动机型号		电动机代码
αiS 2 /5000	262	βiS 0. 2/5000		260
αiS 2 /6000	284	βiS 0. 3/5000		261
αiS 4 /5000	265	βiS 0. 4/5000		280
αiS 8 /4000	285	βiS 0. 5/6000		281
αiS 8 /6000	290	βiS 1/6000		282
αiS 12 /4000	288	βiS 2/4000	20A	253
αiS 22 /4000	315		40A	254
αiS 22 /6000	452	βiS 4/4000	20A	256
αiS 30 /4000	318		40A	257
αiS 40 /4000	322	βiS 8/3000	20A	258
αiS 50 /3000	324		40A	259
αiS 50 /3000 FAN	325	βiS 12/2000	20A	269
αiS 100 /2500	335		40A	268
αiS 100 /2500 FAN	330	βiS 12/3000		272
αiS 200 /2500	338	βiS 22/2000		274
αiS 200 /2500 FAN	334	βiS 22/3000		313

5）AMR（No. 2001）

设定电枢倍增比，设定为"00000000"。

6）指令倍乘比（No. 1820）

设定伺服系统的指令倍率 CMR。CMR = 指令单位/检测单位。当 CMR 为 1 ~ 48 时，设定值 $= 2 \times CMR$；当 CMR 为 1/2 ~ 1/27 时，设定值 $= 1/CMR + 100$。参考下表 7 – 4。

表 7 – 4　CMR 设置表

FANUC 系统 CMR（1820）	车		铣		
	X	Z	X	Y	Z
0iC 以前系统	102	2	2	2	2
0iD	2	2	2	2	2

7）柔性齿轮比 N/M（No. 2084、No. 2085）

对不同的丝杠螺距或机床传动有减速齿轮时，为了使位置反馈脉冲数与指令脉冲数相同而设定进给齿轮比 N/M，由于通过系统参数可以修改，所以又称柔性进给齿轮比。

半闭环伺服系统：N/M =（电动机转 1 r 所需的位置反馈脉冲数/100 万）的约分数。

全闭环伺服系统：N/M =（电动机转 1 r 所需的位置反馈脉冲数/电动机转 1 r 分离型检测装置位置反馈的脉冲数）的约分数。

8）方向设定（No. 2022）

电动机旋转方向。111：正向（从脉冲编码器一侧看沿顺时针方向旋转）；– 111：负向（从脉冲编码器一侧看沿逆时针方向旋转）。

9）速度反馈脉冲数（No. 2023）

速度反馈脉冲数设定为 8192。

10）位置反馈脉冲数（No. 2024）

半闭环系统中，设定为 12500；全闭环系统中，按电动机转 1 r 来自分离型检测装置的位置反馈脉冲数设定。

11）参考计数器容量（No. 1821）

半闭环系统中，设定为电动机转 1 r 所需的位置反馈脉冲数或其整数分之一。

12）CNC 重新上电

至此，伺服初始化设定结束。在 JOG 方式下各轴已能正确运行，运动方向和定位精度已得到保证。

13）确定初始化位为 1

说明：从维修角度讲，一般不需要进行伺服参数初始化，只有在维修中更换了不同的伺服电动机或机械部分功能做了变更时，才需要进行伺服参数初始化。

三、项目实施

有一台 0i – TD 系统数控车床，Z 轴滚珠丝杠螺距为 6 mm，伺服电动机与丝杠直连，伺服电动机规格为 αiS 8 /4000，机床的检测单位为 0.001 mm，数控指令单位为 0.001 mm，如何实现伺服参数初始化设置？

四、项目考核

教师按学生表现填写考核表。

考核总成绩表				
序号	项目名称	配分	得分	备注
1	初始化生效	20		
2	方向正确	40		
3	进给尺寸正确	40		
	总分	100